电工电子实训教程

主　编　王小宇　胡同礼
副主编　张静安　倪艳凤
参　编　周念恩　申海军

机械工业出版社

本书是根据高等学校理工科的电工电子实训基本教学要求编写的。全书共6章，以电工电子基础训练为主线，分别介绍了PLC和变频器的简单使用，常用电子元器件的识别、选用与检测，电子产品装配工艺，手工焊接工艺，超外差收音机的安装调试工艺。在内容上由易到难，由浅入深，循序渐进，并有大量和教材内容相关的插图，图文并茂，形象直观，符合学生学习的过程。通过本书的学习，能帮助读者快速掌握电气自动化控制的基础知识和电子产品生产、制作的基本技能。

本书可作为高等院校的电气类、电子信息类和机电一体化等专业学生电工电子实训教材，也可作为职业教育、职工培训教材，或供其他工程技术人员从事电气操作与维修的使用参考书。

图书在版编目（CIP）数据

电工电子实训教程/王小宇，胡同礼主编. —北京：机械工业出版社，2020.7
ISBN 978-7-111-65956-3

Ⅰ.①电… Ⅱ.①王… ②胡… Ⅲ.①电工技术-教材②电子技术-教材
Ⅳ.①TM②TN

中国版本图书馆CIP数据核字（2020）第109856号

机械工业出版社（北京市百万庄大街22号　邮政编码100037）
策划编辑：付承桂　　　　　责任编辑：付承桂　李小平
责任校对：陈　越　王　延　封面设计：马精明
责任印制：邰　敏
北京富资园科技发展有限公司印刷
2022年6月第1版第1次印刷
184mm×260mm·9.25印张·228千字
标准书号：ISBN 978-7-111-65956-3
定价：45.00元

电话服务　　　　　　　　网络服务
客服电话：010-88361066　机 工 官 网：www.cmpbook.com
　　　　　010-88379833　机 工 官 博：weibo.com/cmp1952
　　　　　010-68326294　金 书 网：www.golden-book.com
封底无防伪标均为盗版　机工教育服务网：www.cmpedu.com

前　言

　　电工、电子实训在高等院校应用技术型人才培养工作中占有重要的地位，电工、电子实训的目的是培养具备工程素质的高技能人才，本教程就是基于这个理念编写的。本教程重视基础知识，强化基本技能训练，使学生在实训过程中从一个"生手"成长为一名具备操作能力的工程技术人员。

　　现阶段正是电工行业飞速发展的重要时刻，中国制造业正在转型，需要大量技术人员去支撑，全员学习 PLC、变频器技术已迫在眉睫。把 PLC、变频器应用技术作为当前电工实训的一项重要内容，能最大限度地适应学员对新技术新知识的需求，是电工电子实训教学的主要任务之一。

　　在教材编写结构上，本书改变了一般电工实训教材按电工知识范围分类的编写体系，而是以现代社会要求电工急需掌握的技术能力为标准。在理论上以"够用"为原则，理论知识的介绍简明、扼要；在实训内容上突出新技术的学习和训练，力求实现与现代先进技术相结合，不断适应现代社会对电工人才的新需求。

　　在内容组织形式上，按照电工、电子实训教学的一般规律和方法，使学生初步掌握基本知识，自主学习，实践为主。本教程内容图文并茂，形象直观，由浅入深，简明扼要。全书共分 6 章，主要内容有：PLC 的简单使用，变频器的简单使用，常用电子元器件的识别、选用与检测，电子产品装配工艺，手工焊接工艺，超外差收音机的安装调试工艺。

　　本书由王小宇、胡同礼任主编，张静安、倪艳凤任副主编，参与编写的还有周念恩、申海军。全书由王小宇统稿。

　　本书在编写过程中，借鉴参考了部分院校电工、电子实训课程的教学经验和内容以及实训教材，咨询了校内专业课教师和企业的工程技术人员，在此表示衷心感谢。

　　电工、电子技术不断发展，技术和工艺更新很快，由于编者学识水平有限，编写时间仓促，书中不免有错误和不妥之处，请广大读者提出宝贵意见，以便及时进行修订，使之更加完善不断发展。

　　本书可以用作高等院校机电技术相关专业的教学用书，也可用作相关行业岗位培训教材及有关人员的自学用书。

编　者

目 录

第1章

PLC的简单使用

1.1 可编程序控制器概述

可编程序控制器（PLC），是一种新型的通用自动控制装置，它将传统的继电器控制技术、计算机技术和通信技术融为一体，专门为工业自动控制而设计，具有功能强、可靠性高、编程简单、使用方便、功耗低等一系列优点。因此，工业上应用越来越广泛，近年来发展也很快。PLC技术、CAD/CAM以及机器人技术将发展成为现代工业自动化的三大支柱，PLC将会跃居主导地位。学习和掌握PLC技术已成为工业自动化工作者的一项迫切任务。

1. PLC的基本结构

PLC是用微处理器来实现的许多电子式继电器、定时器和计数器的组合体，采用软件编程进行它们之间的连线（即内部接线），其内部结构框图如图1-1所示。

（1）输入、输出部件

这是PLC与被控设备连接起来的部件，输入部件接收现场设备的控制信号，如限位开关、操作按钮、传感器信号等，并将这些信号转换成中央处理机能够接收和处理的数字信号。输出部件则相反，它是接收经过中央处理机处理过的数字信号，并把它转

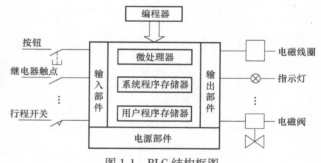

图1-1 PLC结构框图

换成被控设备或显示设备所能接收的电压或电流信号，以驱动电磁阀、接触器等被控设备。

（2）中央处理机

中央处理机是PLC的"大脑"，包括微处理器（CPU）、系统程序存储器和用户程序存储器。微处理器（CPU）主要是处理和运行用户程序，监控中央处理机和输入、输出部件的状态，并作出逻辑判断，按需要将各种不同状态变化输出给有关部分，指示PLC的现行工作状况或必要的应急处理。

系统程序存储器主要存放系统管理和监控程序及用户做编译处理的程序。系统程序根据各种PLC的功能不同，制造商出厂前已固化，用户不能改变。用户程序存储器主要存放用户根据生产过程和工艺要求编制的程序，可通过编程器改变。

（3）电源部件

电源部件将交流电源转换成PLC的微处理器、存储器等电子电路工作需要的直流电源，使PLC能正常工作。

（4）编程器

编程器是 PLC 最重要的外围设备。PLC 需要用编程器输入、检查、修改和调试用户程序，也可以用它监视 PLC 的工作情况。

2. 可编程序控制器的分类

按结构形状不同，PLC 可分为整体式和机架模块式两种。

（1）整体式

整体式结构的 PLC 是将中央处理机、电源部件、输入和输出部件集中配置在一起，结构紧凑、体积小、重量轻、价格低。小型 PLC 常采用这种结构，适用于工业生产中的单机控制。

（2）机架模块式

机架模块式的 PLC 是将各部分以单独的模块分开，如中央处理模块、电源模块、输入模块、输出模块等。使用时可将这些模块分别插入机架底板的插座上，配置灵活，便于扩展。根据生产实际的控制要求可配置各种不同的模块，构成不同的控制系统，一般大、中型 PLC 采用这种结构。

3. PLC 的工作原理

了解 PLC 的工作原理是学习 PLC 的前提，PLC 采用循环扫描的工作方式，归结起来其工作过程主要分为以下三个阶段，如图 1-2 所示。

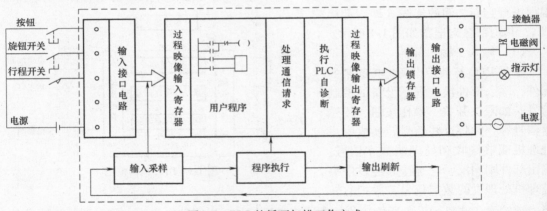

图 1-2　PLC 的循环扫描工作方式

（1）输入采样阶段

在每一个扫描周期开始时，PLC 顺序读取全部输入端信号，把输入端的通断状态存放于输入映像寄存器中。

（2）程序执行阶段

PLC 按梯形图程序从左向右、从上向下逐条对指令进行扫描，并从输入映像寄存器和内部元件读入其状态，进行逻辑运算。运算的结果送入输出映像寄存器中。每个输出映像寄存器的内容将随着程序扫描过程而作相应变化。但在此阶段中，即便输入端子状态发生改变，输入映像寄存器的状态也不会改变（它的新状态会在下一次扫描中才被读入）。

（3）输出刷新阶段

当第二阶段完成之后，输出映像寄存器将各输出点的通断状态送到输出锁存器，去驱动输出继电器线圈，执行相应的输出动作。

PLC 周期性地循环执行上述三个步骤，称为循环扫描工作方式，每一个循环称为一个扫描周期。

PLC 的工作过程除了包括上述三个主要阶段外，还要完成内部处理、通信处理和故障诊断等工作，限于篇幅此处不予介绍。

4. 可编程序控制器程序设计

PLC 控制系统是以程序形式来体现其控制功能的，在硬件设计完成的同时，软件设计也可同时进行，在程序设计上一般可遵循以下 7 个步骤：

1）确定被控制系统必须完成的动作及完成这些动作的顺序。

2）分配输入/输出设备，即确定哪些外围设备是送入到 PLC 的信号，哪些外围设备是接收来自 PLC 的信号，并将 PLC 输入/输出口与之对应进行分配。

3）设计 PLC 梯形图，梯形图要按照正确的顺序编写，并要体现出控制系统所要求的全部功能及其相互关系。

4）将梯形图符号编写成可用编程器键入 PLC 的指令代码。

5）通过编程器将上述程序指令键入 PLC，并对其进行编辑。

6）调试并运行程序（模拟和现场）。

7）保存已完成的程序。

本章从工业应用角度出发，选择比较有代表性的日本三菱（MITSUBISHI）公司生产的 FX3U 系列机型为对象，主要对它的硬件线路的连接、编程软件、基本指令及应用进行论述。

1.2　FX3U 系列 PLC 机器硬件认识

1. FX3U-48M 系列 PLC 外部端子的功能及连接方法

PLC 有单元式、模块式和叠装式三种结构形式，常用结构形式有前两种。FX3U 系列为小型 PLC，采用单元式结构形式。FX3U-48M 产品外观如图 1-3 所示。

外观图由三部分组成，即外部接线端子（输入/输出接线端子）部分、指示部分和接口部分，各部分的组成功能如下：

（1）外部接线端子

外部接线端子包括 PLC 电源（L、N）、输出用直流电源（24+、0V）、输入端子（X）、输出端子（Y）、运行控制（RUN/STOP）、特殊适配器连接用插孔（RS232、RS485）和机器接地

图 1-3　FX3U-48M 外观图

等。它们位于机器两侧可拆卸的端子板上，每个端子均有对应的编号，主要完成电源、输入信号和输出信号的连接。具体 FX3U-48MR 端子台排列如图 1-4 所示。

PLC 的数字量输入模块有两种不同的接线方式：源型输入方式和漏型输入方式，FX3U 系列 PLC 由 S/S 端子取代了输入公共端 COM 端子，S/S 端子可接高电位也可接低电位。

如果 S/S 公共端连接的 PLC 自身的 0V 或外部提供的 0V，即低电位，那么 PLC 采用的

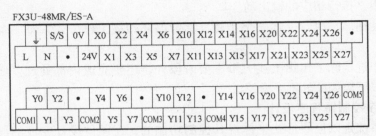

图 1-4 FX3U-48MR 端子台排列

一定是源型输入，外部传感器也一定是 PNP 型，如图 1-5 所示的源型输入接法。

如果 S/S 公共端连接到 24V，控制元件 K 的一端连接到输入端子 X，另一端连接到直流 0V 端子，PLC 采用的一定是漏型输入，外部使用的传感器也一定是 NPN 型，如图 1-6 所示的漏型输入接法。

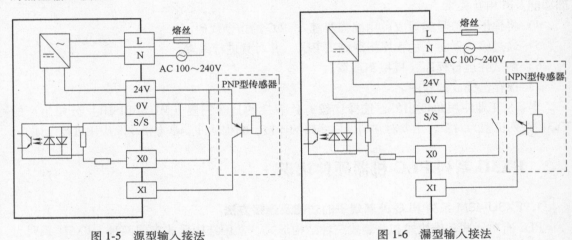

图 1-5 源型输入接法　　　　　　　　图 1-6 漏型输入接法

（2）指示部分

指示部分包括各输入输出点的状态指示，用于反映 I/O 点和机器的状态，如机器电源指示（POWER）、机器运行态指示（RUN）、用户程序存储器后备电池指示（BATT）、程序错误或 CPU 错误指示（EPROR）等。

（3）接口部分

FX3U 系列 PLC 有多个接口，打开接口盖或面板可观察到。主要包括功能扩展端口、外部设备连接用接口（8 针）等。在机器面板的左下角，还设置了一个 PLC 运行模式转换开关，它有 RUN 和 STOP 两个位置，RUN 使机器处于运行状态（RUN 指示灯亮），STOP 使机器处于停止运行状态（RUN 指示灯灭）。当机器处于 STOP 状态时，可进行用户程序的录入、编辑和修改。接口的作用是完成基本单元同编程器、外部存储器、扩展单元和特殊功能模块的连接，在 PLC 技术应用中经常用。

FX3U 系列 PLC 机器上有两组电源端子，分别完成 PLC 电源的输入和输入回路所用直流电源的供出。L、N 为 PLC 电源端子，FX3U 系列 PLC 要求输入单相交流电源，规格为 AC 85~264V 50/60Hz。24+、0V 是机器为输入回路提供的直流 24V 电源，机器输入电源还有一接地端子，该端子用于 PLC 的接地保护。FX3U 系列 PLC 机型还有 DC 电源（DC 24V），电源的正极和负极分别连接到面板左上角的"+"端子和"-"端子，注意不能接反，地线连接到接地端子。

2. I/O 点的类别、编号及使用说明

I/O 端子（输入/输出）是 PLC 的重要外部部件，是 PLC 与外部设备（输入设备、输出设备）连接的通道，其数量、类别也是 PLC 的主要技术指标之一。一般 FX3U 系列 PLC 的输入端子（X）位于机器的一侧，输出端子（Y）位于机器的另一侧。

FX3U 系列 PLC 的 I/O 点数量、类别随机器的型号不同而不同，但 I/O 点数量比例及编号规则完全相同。一般输入点与输出点的数量之比为 1∶1，也就是说输入点数等于输出点数。FX3U 系列 PLC 的 I/O 点编号采用八进制，即 00～07、10～17、20～27…。输入点前面加"X"，输出点前面加"Y"。扩展单元和 I/O 扩展模块，其 I/O 点编号应紧接基本单元的 I/O 编号之后，依次分配编号。

I/O 点的作用是将 I/O 设备与 PLC 进行连接，使 PLC 与现场构成系统，以便从现场通过输入设备（元件）得到信息（输入），或将经过处理后的控制命令通过输出设备（元件）送到现场（输出），从而实现自动控制的目的。

PLC 输入回路连接的示意图如图 1-7 所示。输入回路的实现是 COM 通过具体的输入元件（如按钮、转换开关、行程开关、继电器的触点、传感器等）连接到对应的输入点上，通过输入点 X 将信息送到 PLC 内部，一旦某个输入元件状态发生变化，对应输入点 X 的状态也就随之变化，这样 PLC 可随时检测到这些信息。

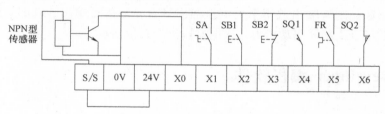

图 1-7　PLC 输入回路的连接

输出回路就是 PLC 的负载驱动回路，输出回路连接的示意图如图 1-8 所示。PLC 仅提供输出点，通过输出点，将负载和负载电源连接成一个回路，这样负载的状态就由 PLC 的输出点进行控制，输出点动作，负载得到驱动。负载电源的规格应根据负载的需要和输出点的技术规格进行选择。

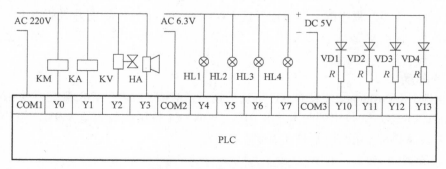

图 1-8　PLC 输出回路的连接

在现实输出回路中，应注意的事项如下：

1）输出点的共 COM 问题。一般情况下，每个输出点应有两个端子，为了减少输出端的个数，PLC 在内部将其中的一个输出点采用公共端连接，即将几个输出点的一端连接到一起，形成公共端 COM。FX 系列 PLC 的输出点一般采用每 4 个点共 COM 连接，如图 1-9 所示。在使用时要特别注意，否则可能导致负载不能正确驱动。

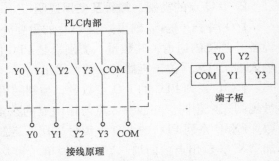

图 1-9　输出点的共 COM 连接

2）输出点的技术规格。不同的输出类别，有不同的技术规格。应根据负载的类别、大小，负载电源的等级，响应时间等，选择不同类别的输出方式。要特别注意负载电源的等级和最大负载的限制，以防止出现负载不能驱动或 PLC 输出点损坏的情况发生。

3）多种负载和多种负载电源共存的处理。同一台 PLC 控制的负载，负载电源的类别、电压等级可能不同，在连接负载时（实际上在分配 I/O 点时），应尽量让负载电源不同的负载不使用共 COM 的输出点。若要使用，应注意干扰和短路等问题。

4）PLC I/O 点的类别、技术规格及使用。根据现场信号的不同类别，为适应控制的需要，PLC I/O 具有不同的类别。其输入分直流输入和交流输入两种形式，前者完成直流信号的输入，后者完成交流信号的输入；输出分继电器输出、晶闸管输出和晶体管输出三种形式。继电器输出和晶闸管输出适用于大电流输出场合，晶体管输出、晶闸管输出适用于快速、频繁动作的场合。相同驱动能力，继电器输出形式价格较低。

1.3　GX Developer 编程软件

1. 软件概述

GX Developer 是三菱通用性较强的编程软件，它能够完成 Q 系列、QnA 系列、A 系列（包括运动控制 CPU）、FX 系列 PLC 梯形图、指令表、SFC 等的编辑。该编程软件能够将编辑的程序转换成 GPPQ、GPPA 格式的文档，当选择 FX 系列时，还能将程序存储为 FXGP（DOS）、FXGP（WIN）格式的文档，以实现与 FX-GP/WIN-C 软件的文件互换。该编程软件能够将 Excel、Word 等软件编辑的说明性文字、数据，通过复制、粘贴等简单操作导入程序中，使软件的使用、程序的编辑更加便捷。GX Developer 软件目前升级版本有 GX Work 2 和 GX Work 3，版本更强大，功能更多，但如果只用于 PLC 编程使用，建议还是以 GX Developer 为主。

2. 系统配置

编程软件 GX Developer 支持在 XP 系统下运行。WIN7 或者 WIN8 系统要使用高版本的 GX Developer。WIN7 32 位用的版本是 8.91V，WIN7 64 位用的版本是 8.98C，WIN8 用的版本是 8.114U，WIN8.1 用的版本是 8.116W。

3. 系统安装

以下为 GX Developer 的安装说明，三菱 PLC 的其他软件安装也类似这样：

1）打开三菱 PLC 编程软件 GX Developer 文件夹，打开解压后的安装文件"sw8d5c-gppw-c8013h"，弹出图 1-10 所示的一系列文件夹和文件，先安装通用环境，点击文件夹"EnvMEL"，再点击"SETUP"进行安装。

图 1-10　弹出文件夹和文件

2）完成"通用环境"的安装后，返回上一路径，回到图中，双击安装文件"SETUP"，进行 GX Developer 软件的安装，会出现图 1-11 所示界面，要求输入产品序列号，然后进入下一步。

图 1-11　输入产品序列号

3）接着，在安装文件中会出现窗口，如图 1-12 所示，提示选择是否安装"结构化文本

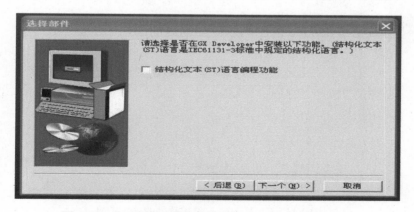

图 1-12　是否安装"结构化文本（ST）语言编辑功能"

（ST）语言编辑功能"，一般不需要安装，直接进入下一个。

4）在安装文件中会出现窗口，提示选择是否安装"监视专用 GX Developer"。此处不能打勾，否则软件只能用于监视，不能编程，点击下一步。

5）提示是否安装"MEDOC 打印文档的读出"及"从 Melsec Medoc 格式导入"，一般不需要安装。

6）进入下一步后，出现图 1-13 所示窗口，要求指定一个目标文件夹作为编程软件 GX Developer 的安装路径，可以选择默认的文件夹 C：\MELSEC，如果改用 C 盘以外的其他驱动器，可能会影响编程软件的正常工作，如图 1-13 所示。

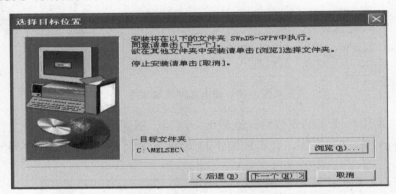

图 1-13　指定目标文件夹作为编程软件的安装路径

7）点击"下一个"，进入正式安装，GX Developer 编程软件会自动安装到 C 盘中，安装完毕后，计算机系统会提示完成。

4. 梯形图编辑主界面解析

GX Developer 编程软件的操作界面如图 1-14 所示，该操作界面大致由下拉菜单、工具条、编程区、工程数据列表、状态条等部分组成。这里需要特别注意的是，在 FX-GP/WIN-C 编程软件里称编辑的程序为文件，而在 GX Developer 编程软件中称之为工程。

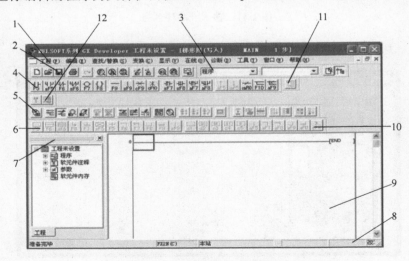

图 1-14　GX Developer 编程软件的操作界面

与 FX-GP/WIN-C 编程软件的操作界面相比，该软件取消了功能图、功能键，并将这两部分内容合并，作为梯形图标记工具条；新增加了工程参数列表、数据切换工具条、注释工具条等。这样友好直观的操作界面使操作更加简便。

图 1-14 中引出线所示的名称、内容说明如表 1-1 所示。

表 1-1 GX Developer 编程软件操作界面说明

序号	名称	内容
1	下拉菜单	包含工程、编辑、查找/替换、交换、显示、在线、诊断、工具、窗口、帮助，共 10 个菜单
2	标准工具条	由工程菜单、编辑菜单、查找/替换菜单、在线菜单、工具菜单中常用的功能组成
3	数据切换工具条	可在程序菜单、参数、注释、编程元件内存这四个项目中切换
4	梯形图标记工具条	包含梯形图编辑所需要使用的常开触点、常闭触点、应用指令等内容
5	程序工具条	可进行梯形图模式、指令表模式的转换；可进行读出模式、写入模式、监视模式、监视写入模式的转换
6	SFC 工具条	可对 SFC 程序进行块变换、块信息设置、排序、块监视操作
7	工程参数列表	显示程序、编程元件注释、参数、编程元件内存等内容，可实现这些项目的数据的设定
8	状态栏	提示当前的操作：显示 PLC 类型以及当前操作状态等
9	操作编辑区	完成程序的编辑、修改、监控等的区域
10	SFC 符号工具条	包含 SFC 程序编辑所需要使用的步、块启动步、选择合并、平行等功能键
11	编程元件内存工具条	进行编程元件内存的设置
12	注释工具条	可进行注释范围设置或对公共/各程序的注释进行设置

5. GX Developer 编程软件的使用

（1）系统的启动

要想启动 GX Developer，可用鼠标双击桌面上的图标： 。

图 1-15 为初始启动界面，需按操作步骤进入编程界面。

（2）创建新工程或打开工程

1）创建工程：在初始界面中，点击菜单"工程"，点击"创建新工程"，或者按快捷键"CTRL+N"弹出新工程对话框，如图 1-16 所示，对所设计的工程项目进行定义。

① PLC 系列选用 FXCPU；

② PLC 类型选择 FX3U（C）；

③ 程序类型选择梯形图；

④ 设置工程名选项勾选"设置工程名"，写入工程名；

图 1-15 GX Developer 编程软件的初始启动界面

9

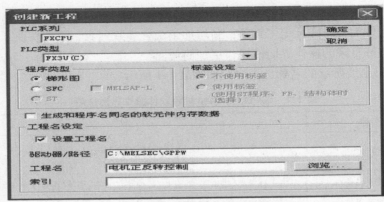

图 1-16　创建新工程对话框

⑤ 确定驱动器/路径；默认的保存路径是 C：\MELSEC\GPPW，也可以在 D、E、F 盘中建立一个新的文件夹并命名；

⑥ 点击确定，弹出编辑主界面，如图 1-17 所示。

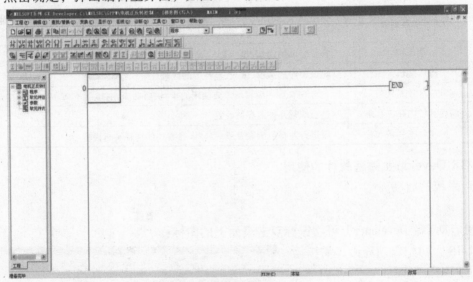

图 1-17　编辑主界面

2）打开工程：点击"工程"，"打开工程"或者按快捷键"CTRL+O"，根据工程路径，选定工程，点击打开，进入程序编辑画面。

3）关闭工程：点击"工程"，点击"关闭工程"。

4）保存工程：点击"工程"，点击"保存工程"或者点击图标或按快捷键"CTRL+S"。

（3）梯形图编程

1）编程软元件的添加（梯形图标记法）：将光标放在操作编辑器的软元件的位置上，点击梯形图标记工具条中的软元件，在弹出的梯形图输入对话框中（见图 1-18）输入对应的软元件，点击确定后，软元件自动添加到相对应的位置。

2）键盘输入法（指令法）：利用计算机的键盘直接输入编程指令和参数，也能快速编程，但要注意助记符和操作数之间要用空格隔开，如图 1-19 所示。

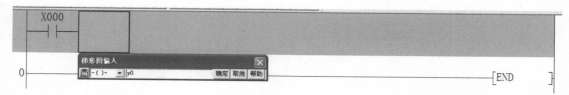

图 1-18　梯形图输入

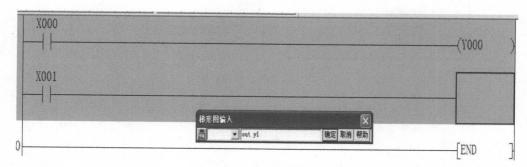

图 1-19　键盘输入法

（4）编辑操作

梯形图单元块的剪切、复制、粘贴、删除、块选择以及行删除和行插入等功能，通过执行"编辑"菜单栏实现，如图 1-20 所示。

（5）查找/替换

1）查找程序中的软元件，点击"查找/替换"→"软元件查找"，如图 1-21 所示。

2）替换程序中的软元件，点击"查找/替换"→"软元件替换"，如图 1-21 所示。

（6）变换

变换是对梯形图进行查错的一个过程，程序变换后，梯形图由灰色变为白色，完成梯形图的编程，如果有错误，在变换出错区将保持灰色，需要进一步改错。

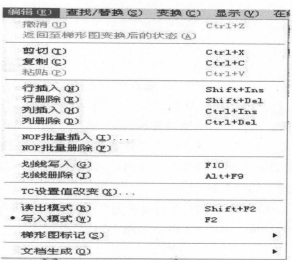

图 1-20　"编辑"菜单栏

（7）显示

将光标置于需要注释的软元件，点击显示，勾选注释显示，列表显示，此时梯形图就会自动转换为指令表。

（8）注释编辑

在图 1-14 所示的 GX Developer 编程软件的操作界面中，点击工程数据列表中的"软元件注释"，选中"COMMENT"，在"软元件名"中，写入"X0"为启动，并点击显示，则在梯形图中就给 X0 添加了注释，如图 1-22 所示。

6. 通信

PLC 和计算机的通信，就是进行 PLC 程序的写入与读取，并且在程序运行过程中进行

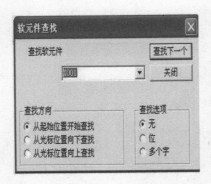

图 1-21 软元件查找和替换

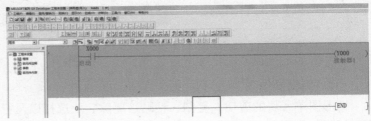

图 1-22 软元件注释

监控。

（1）编程电缆和驱动程序

1）编程电缆：计算机和 PLC 的通信需要编程电缆，三菱 FX 系列 PLC 目前采用 RS-422 通信口，FX3U 型 PLC 与计算机的 RS232 通信接口连接时，编程电缆的型号是 SC-09，电缆中间的器件是转接器，9 孔 D 型插头的一端连接到计算机的 RS232 接口，8 针圆头的一端则连接到 PLC，接插时注意小箭头的标志，如图 1-23 所示。

图 1-23 数据连接线

FX3U 型 PLC 与计算机的 USB 通信时，编程电缆的型号是 USB-SC09-FX，如图 1-24 所示。

图 1-24 USB 数据线

2）驱动程序：编程电缆需要驱动程序，可以从网上下载"驱动精灵"软件，再将编程电缆连接到计算机上，此时，计算机也会自动安装编程电缆的驱动程序。

驱动程序安装完毕后，计算机会自动指定一个 USB 通信端口，右击"我的电脑"，双击"设备管理器"，就可以看到这个 USB 端口的编号，如图 1-25 所示。

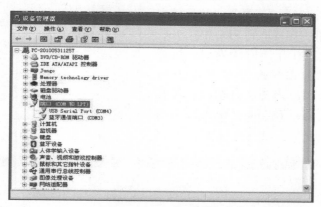

图 1-25　计算机指定的 USB 端口

（2）PLC 程序的写入

下拉菜单中的"在线"主要完成 PC 和 PLC 之间的传输设置，PLC 读取、PLC 写入，以及 PLC 程序运行监控功能。

1）执行菜单栏的"在线"→"传输设置"，弹出传输设置界面，如图 1-26 所示。

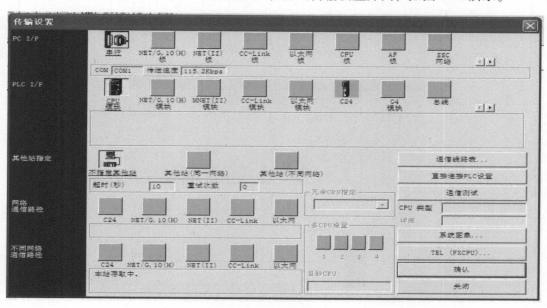

图 1-26　传输设置界面

双击"串行"，弹出图 1-27 所示对话框，在制定 USB 之后，选择 COM 端口，然后选择传输速度，一般选择默认，确认后可进行通信测试。

在梯形图界面中，执行菜单栏的"在线"→"PLC 写入"，弹出图 1-28 所示的界面。

点击"清除 PLC 内存"，勾选"PLC 内存""数据软元件""位软元件"，就清除掉 PLC 中原有的内容了。

2）PLC 读取：在新创建的工程空白界面中，执行菜单栏中的"在线"→"PLC 读取"，勾选"程序""软元件注释""参数""软元件内存"，将程序中的全部内容读取到 PLC 中。

3）梯形图监控：打开梯形图界面，执行"在线"→"监视"→"监视开始"，如图 1-29 所示。在监视状态下，PLC 内部和外部触点闭合或线圈得电的元件，以深色表示；触点没有闭合或线圈没有得电的元件，以白色显示。

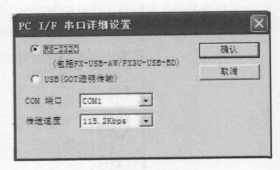

图 1-27　串口详细设置

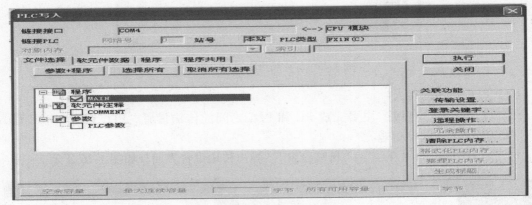

图 1-28　PLC 写入界面

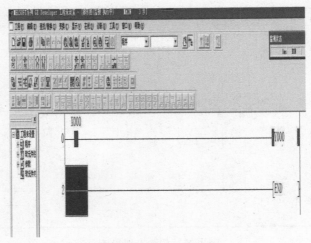

图 1-29　PLC 运行监控

1.4　FX3U 基本指令编程操作简介

1. PLC 的编程语言

PLC 的编程语言有梯形图语言、助记符语言、顺序功能图语言等。其中前两种语言用得较多。

（1）梯形图语言

梯形图是一种从继电-接触器控制电路图演变而来的图形语言。它是借助类似于继电器的常开触电、常闭触电、线圈以及串联与并联等术语和符号，根据控制要求连接而成的表示PLC输入和输出之间逻辑关系的图形，既直观又易懂。

1）梯形图从上至下编写，每一行从左至右顺序编写。PLC程序执行顺序与梯形图的编写顺序一致。

2）图左、右边垂直线称为起始母线、终止母线。每一逻辑行必须从起始母线开始画起，终止母线可以省略。

3）梯形图中的触点有两种，即常开触点和常闭触点。这些触点可以是PLC的输入触点或内部继电器触点，也可以是内部继电器、定时器/计数器的状态。与传统的继电器控制图一样，每一触点都有自己的特殊标记，以示区别。因每一触点的状态存入PLC内的存储单元中，可以反复读写，所以同一标记的触点可以反复使用，次数不限。

4）梯形图的最右侧必须连接输出元素。

5）梯形图中的触点可以任意串、并联，而输出线圈只能并联，不能串联。表1-2列出了梯形图符号和继电-接触器控制系统符号的比较。

（2）助记符语言

助记符语言是PLC的命令语句表达式。用梯形图编程虽然直观、简便，但要求PLC配置较大的显示器方可输入图形符号，这在有些小型机上常难以满足，所以助记符语言也是较常用的一种编程方式。不同型号的PLC，其助记符语言也不同，但其基本原理是相近的。编程时，一般先根据要求编制梯形图语言，然后再根据梯形图转换成助记符语言。

PLC中最基本的运算是逻辑运算，最常用的指令是逻辑运算指令，如与、或、非等。这些指令再加上"输入""输出""结束"等指令，就构成了PLC的基本指令。各型号PLC的指令符号不尽相同。

表1-2 梯形图符号和继电-接触器控制系统符号的比较

符号名称	继电-接触器控制系统符号	梯形图符号
常开触点		
常闭触点		
线圈		

2. 基本器件编程方法

（1）输入继电器X

工业控制系统输入电路中的选择开关、按钮、限位开关等在梯形图中以输入触点表示，在编程时输入触点X可由常开和常闭两种指令来编程。但梯形图中的常开或常闭指令与外电路中X实际接常开还是常闭触点并无对应关系，无论外电路使用什么样的按钮、旋钮、限位开关，无论使用的是这些开关的常开还是常闭点，当PLC处于RUN方式时，扫描输入只遵循如下规则：

1）梯形图中的常开触点 X，与外电路中X的通断逻辑相一致，如外接线中X5是导通的（无论其外部物理连接于常开还是常闭点），程序中的 ─┤├─ X5 即处理为闭合（ON），反之，如外部 X5 连线断开，则程序中的 ─┤├─ X5 就处理为断开（OFF）。

2）梯形图中的常闭触点 ─┤/├─ X，与外电路中 X 的通断逻辑相反，如外接线中 X5 是导通的（无论其外部物理连接于常开还是常闭点），程序中的 ─┤/├─ X5 处理为断开（OFF），反之，如外部 X5 连线断开，则程序中的 ─┤/├─ X5 就处理为闭合（ON）。

梯形图中几个触点串联表示"与"操作，几个触点并联表示"或"操作。

PLC 应用于电动机起动停车控制的接线图与梯形图如图 1-30 所示，起动停车的 PLC 控制示例如下：

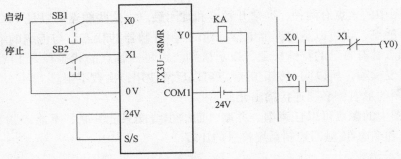

图 1-30　起动停车的 PLC 控制示例

本例中的两个按钮在外接线中均使用了常开触点，故对应于上述程序。如果停车按钮的外接线使用了常闭触点，则梯形图程序中需要将常闭 X1 换成常开 X1，才能实现同样的控制功能。甚至可以将起停两个按钮都连接常闭点，相应修改软件逻辑即可，这体现了应用 PLC 软件控制的方便之处。

（2）输出继电器 Y

继电器具有逻辑线圈及可以多次调用的常开触点、常闭触点。图 1-31 为应用输出继电器和普通内部继电器的简单程序。

该程序的功能是：

1）PLC 进入 RUN 方式时，输出线圈 Y0 通电。

2）当接通输入触点 X10 后，内部继电器线圈 M100 通电，M100 常闭触点断开，常开触点导通，因此输出端 Y0 失电，Y1 得电。

（3）定时器（T）

同其他 PLC 一样，FX3U 中的定时器相当于继电器控制系统中的时间继电器，它通过对时钟脉冲的累积来计时。时钟脉冲一般有 1ms、10ms、100ms 三种，以适应不同的要求。定时器的设定值可以采用内存的常数 K，在 K0～K32767 之间选择，也可以用数据寄存器 D 的内容作为设定值。

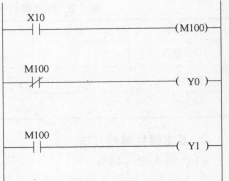

图 1-31　输出继电器和普通内部继电器的简单程序

定时器可以分为两类：一类是通用型定时器，不具备断电保护功能，当停电或输入回路断开时，定时器清零（复位）。它的时标有 1ms、10ms 和 100ms 三种；另一类是积算型定时器，具有计数累积的功能，如果停电或定时器线圈失电，能记忆当前的计数值。通电或线圈重新得电后，在原有数值的基础上继续累积。只有将它复位，当前值才能变为0。它的时标只有1ms和100ms两种。

每个定时器只有一个输入，设定值由用户根据工艺要求确定。与常规的时间继电器一样，当所计的时间达到设定值时，线圈得电，常闭触点断开，常开触点闭合。但是PLC中的定时器没有瞬动触点，这一点有别于普通的时间继电器。

定时器的线圈一般只能使用一次，但触点的使用次数没有限制。

FX3U系列PLC可以提供512个定时器，编号按十进制分配，其范围是T0~T511，编号的分配见表1-3。

表1-3　定时器的类型和编号

类型	编号	数量	时钟/ms	定时范围/s
通用型定时器	T0~T191	192	100	0.1~3276.7
	T192~T199	8	100	0.1~3276.7
	T200~T245	46	10	0.01~327.67
	T256~T511	256	1	0.001~32.767
积算型定时器	T246~T249	4	1	0.001~32.767
	T250~T255	6	100	0.1~3276.7

（4）计数器（C）

同其他PLC一样，FX3U中的计数器多数是16位加法计数器，每一个计数脉冲上升沿到来时，原来的数值加1。如果当前值达到设定值，便停止计数，此时触点动作，常闭触点断开，常开触点闭合。当复位信号的上升沿到来时，计数器被复位。复位信号断开后，计数器再次进入计数状态，触点恢复到常态，常开触点断开，常闭触点闭合。

计数器的设定值可以采用内存的常数K，也可以用数据寄存器D的内容作为设定值。

多数计数器具有断电记忆功能，在计数过程中如果系统断电，当前值一般可以自动保存下来，通电后系统重新运行时，计数器延续断电时的数值继续计数。也有一部分计数器没有断电记忆功能。

计数器的线圈一般只能使用一次，但触点的使用次数没有限制。

FX3U可以提供两类计数器：一类是通用计数器，它在PLC执行扫描时，对内部信号X、Y、M、S、T、C等进行计数，要求输入信号的闭合或断开时间大于PLC的扫描周期；另一类是高速计数器，其响应速度快，用于频率较高的计数。

计数器的类型和编号见表1-4。

表1-4　计数器的类型和编号

类型			编号	点数	备注
通用计数器	16位加计数器	通用型	C0-C99	100	计数设定值为1~32767
		断电保护型	C100-C199	100	
	32位加/减计数器	通用型	C200-C219	20	计数设定值为-2147483648~+2147483647
		断电保护型	C220-C234	15	

（续）

类型		编号	点数	备注
高速计数器	32 位单相单计数加/减计数器	C235-C245	11	C235~C245 中最多可以使用 8 点更改参数可变更为保持或非保持设定值：−2147483648～+2147483647

3. 基本指令的编程

FX3U 系列 PLC 指令系统共有基本指令 27 条，步进指令 2 条，功能指令 100 多条（不同系列 PLC 有所不同）。这里介绍常用的基本指令，基本指令可以用简易编程器上对应的指令键输入 PLC，每条指令由步序号、指令符号和数据三部分组成。步序号即指令的序号，是指令在内存中存数的地址号，由四位十进制数组成，从 0000 开始。指令符即指令的助记符，是语句的操作码，常用 2~4 个英文字母组成。数据即操作元件，是执行该指令所选用的继电器地址号或定时器，计数器设定值。

（1）逻辑取与输出线圈驱动指令 LD、LDI、OUT（见表 1-5）

表 1-5　逻辑取与输出线圈驱动指令

指令助记符	功能	回路表示和可用软元件
LD	运算开始 a 触点	XYMSTC ⊣├─────( )
LDI	运算开始 b 触点	XYMSTC ⊣/├─────( )
OUT	驱动线圈	⊣├─────(YMSTC)

LD：取指令，用于常开触点与母线连接。

LDI：取反指令，用于常闭触点与母线连接。

OUT：线圈驱动指令，用于将逻辑运算的结果驱动一个指定线圈。OUT 指令可以连续使用若干次，相当于多个线圈并联。

上述三条指令的使用方法如图 1-32 所示。

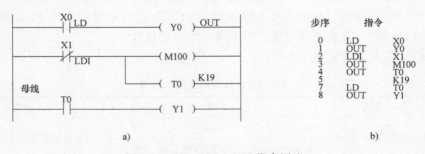

步序	指令	
0	LD	X0
1	OUT	Y0
2	LDI	X1
3	OUT	M100
4	OUT	T0
5		K19
7	LD	T0
8	OUT	Y1

a)　　　　　　　　　　　b)

图 1-32　LD、LDI、OUT 指令用法

（2）单个触点串联指令 AND、ANI（见表 1-6）

表 1-6　单个触点串联指令

指令助记符	功能	回路表示和可用软元件
AND	串联 a 触点	XYMSTC（常开触点串联图示）
ANI	串联 b 触点	XYMSTC（常闭触点串联图示）

AND：与指令。用于单个触点的串联，完成逻辑"与"运算。

ANI：与反指令。用于常闭触点的串联，完成逻辑"与非"运算。

图 1-33 所示为这两条指令的使用方法。

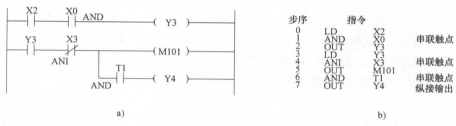

图 1-33　AND、ADI 指令用法

指令用法说明：

1）AND、ANI 指令均用于单个触点的串联，串联触点数目没有限制。该指令可以重复多次使用，指令的目标元件为 X、Y、M、T、C、S。

2）OUT 指令后，通过触点对其他线圈使用 OUT 指令称为纵接输出，如 OUT M101 指令后，再通过 T1 触点去驱动 Y4。这种纵接输出，在顺序正确的前提下，可以多次使用。

（3）触点并联指令 OR、ORI（见表 1-7）

表 1-7　触点并联指令

指令助记符	功能	回路表示和可用软元件
OR	并联 a 触点	XYMSTC（常开触点并联图示）
ORI	并联 b 触点	XYMSTC（常闭触点并联图示）

OR：或指令。用于单个常开触点的并联。

ORI：或反指令。用于单个常闭触点的并联。

图 1-34 所示梯形图和助记符表示该指令用法。

指令用法说明：

OR、ORI 指令用于一个触点的并联连接指令。若将两个以上的触点串联连接而电路块并联连接时，要用到 ORB 指令。

OR、ORI 指令并联触点时，是从该指令的当前步开始，对前面的 LD、LDI 指令并联连

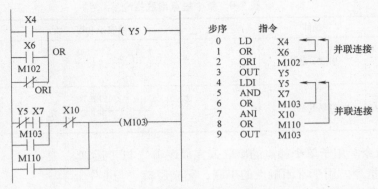

图 1-34 OR、ORI 指令用法

接。该指令并联连接的次数不限。

（4）空操作指令 NOP 和程序结束指令 END

NOP 是一条空操作指令，用于程序的修改。NOP 指令在程序中占一个步序，没有元件编号。在使用时，为修改或增减指令方便，预先在程序中插入 NOP 指令。

END 指令用于程序的结束，是无元件编号的独立指令。在程序调试过程中，可分段插入 END 指令，再逐段调试；在该段程序调试好后，删去 END 指令。然后进行下一段程序的调试，直到全部程序调试完为止。

1.5 电动机正反转 PLC 控制的技能训练

1. 实训目的

1）应用 PLC 技术实现对三相异步电动机的控制；

2）熟悉编程的思想和方法；

3）熟悉 PLC 的使用，提高应用 PLC 的能力。

2. 控制要求

参考图 1-35 所示的电动机正反转控制主电路电气原理图，电路要求如下：

1）可实现正反转控制；

2）具有防止相间短路的能力，有过载保护环节。

3. 实训内容及指导

（1）系统配置

三相电动机正反转控制主电路如图 1-35 所示，PLC 输入/输出配置及接线如图 1-36 所示。

电动机在正反转切换时由于接触器动作的滞后，可能会造成相间短路，所以在输出回路利用接触器的常闭触点采取了互锁措施。

（2）程序设计

采用 PLC 控制的梯形图如图 1-37a 所示。

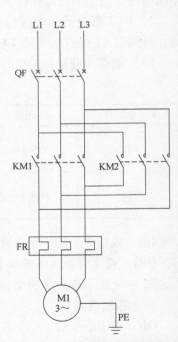

图 1-35 三相电动机正反转控制
主电路电气原理图

输入 输出

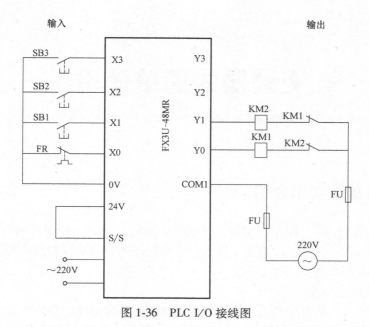

图 1-36 PLC I/O 接线图

对应的指令程序如图 1-37b 所示。类似继电-接触器控制，图中利用 PLC 输入继电器 X2
和 X3 的常闭触点，实现双重互锁，以防止反转换接时的相间短路。

按下正转起动按钮 SB2 时，输入继电器 X2 的常开触点闭合，接通输出继电器 Y0 线圈并自锁，接触器 KM1 得电吸合，电动机正向起动，并稳定运行。

按下反转起动按钮 SB3 时，输入继电器 X3 的常闭触点断开 Y0 线圈，KM1 失电释放，同时 X3 的常开触点闭合接通 Y1 线圈并自锁，接触器 KM2 得电吸合，电动机反向起动，并稳定运行。

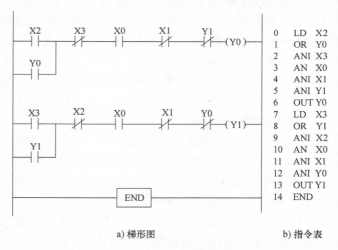

a) 梯形图   b) 指令表

图 1-37 三相异步电动机正反转控制的梯形图及指令表

按下停机按钮 SB1，或过载保护（FR）动作，都可使 KM1 或 KM2 失电释放，电动机停止运行。

（3）运行并调试程序

1）按正转按钮 SB2，输出继电器 Y0 接通，电动机正转。

2）按停止按钮 SB1，输出继电器 Y0 断开，电动机停转。

3）按反转按钮 SB3，输出继电器 Y1 接通，电动机反转。

4）模拟电动机过载，将热继电器 FR 的触点断开，电动机停转。

5）将热继电器 FR 触点复位，再重复正、反、停操作。

第2章

变频器的简单使用

2.1 变频器基本知识介绍

变频器是将固定电压、固定频率的交流电变换为电压可调、频率可调的交流电的装置。变频器技术随着微电子技术、电力电子技术、计算机技术和自动控制理论等的不断发展而发展，其应用也越来越普遍。

1. 交流变频调速概况

过去，直流调速一直优于交流调速，对一些调速性能要求高的场合大都用直流调速。随着电力电子器件和微机技术的发展，20 世纪 80 年代初期出现了变频器，特别是近十多年来，变频器的性能得到了飞速发展，使得交流调速达到了与直流调速一样的水平，并且在某些方面超过直流调速，操作者通过设置必要的参数，变频器就控制电机按照人们预想的曲线运行。例如，电梯运行的"S"形曲线、恒压供水控制、珍珠棉生产线的卷筒速度控制等，目前由于出现了高电压、大电流的电力电子器件，对 10kV 的电动机直接进行变频调速以达到节能的目的。由于工作速度很高的电力电子器件（如 IGBT）的出现，变频器应用日益广泛。

2. 变频器的分类

1）按变频器的主电路结构形式分类，可分为交-直-交变频器和交-交变频器。

2）按变频电源的性质，可分为电压型变频器和电流型变频器。

3）按控制方式的不同，变频器可以分为 U/f 控制、SF 控制（转差频率控制）、矢量控制（VC）和直接转矩控制 4 种类型，分别如下：

① U/f 控制：就是常说的 VVVF（变压变频）调速控制，是一个开环控制，调速精度不高，但线路简单，适用于调速精度要求不高的场合。

② SF 控制：这是闭环控制，精度较高，通用性差，一般用在车辆控制，不太常用。

③ 矢量控制：这是闭环控制，调速范围宽，调速的动态性能接近直流调速，一般用在高精度的场合，价格也相对较高。

④ 直接转矩控制：直接转矩控制主要通过检测获得的定子电压、电流，借助空间矢量理论计算电动机的磁链和转矩，通过与设定值的比较得到的差值来直接控制磁链和转矩。

4）根据调压方式不同，交-直-交变频器又分为脉幅调制（PAM）和脉宽调制（PWM）两种。

5）按变频器的用途，分为通用变频器和专用变频器。

3. 变频器的基本工作原理

变频调速就是通过改变电动机的定子供电频率，以平滑地改变电动机转速。当频率 f 在

0~50Hz 的范围内变化时，电动机转速的调节范围非常宽，在整个调速过程中都可以保持有限的转差功率，具有高精度、高效率的调速性能。

由电动机基本理论可以知道，三相异步电动机的转速表达式为

$$n = \frac{60f}{p}(1-s) \tag{2-1}$$

式中，n 为异步电动机的转速；f 为异步电动机的定子频率；s 为电动机的转差率；p 为电动机极对数。

由式（2-1）可知，转速 n 与频率 f 成正比，只要改变频率 f 即可改变三相异步电动机的转速。但是由于异步电动机电动势公式为

$$E_1 = 4.44fN\Phi_m \approx U_1$$

式中，E_1 为定子每相绕组感应电动势的有效值；f 为定子频率；N 为定子每相绕组的有效匝数；Φ_m 为每极磁通；U_1 为定子电压。

因此，定子电压与磁通和频率成正比。当 U_1 不变时，f 和 Φ_m 成反比，f 升高势必导致磁通的降低。通常电动机是按 50Hz 的频率设计制造的，其额定转矩也是在这个频率范围内给出的。当变频器频率调到大于 50Hz 时，电动机产生的转矩要以和频率成反比的线性关系下降。为了有效维持磁通的恒定，必须在改变频率时同步改变电动机电压 U_1，即保持 U 与 f 成比例变化。

对进行电动机调速时，为保持电动机的磁通恒定，需要对电动机的电压与频率进行协调控制。对此，需要考虑基频（额定频率）以下和基频以上两种情况。

基频，即基本频率 f_1，是变频器对电动机进行恒转矩控制和恒功率控制的分界线。基本频率是按电动机的额定电压（指额定输出电压，是变频器输出电压中的最大值，通常它总是和输入电压相等）进行设定的，即在大多数情况下，额定输出电压就是变频器输出频率等于基本频率时的输出电压值，因此，基本频率又等于额定频率（即与电动机额定输出电压对应的频率）。

在对异步电动机进行变压变频调速时，通常在基频以下采用恒转矩调速，在基频以上采用恒功率调速。

由式 $E_1 = 4.44fN\Phi_m \approx U_1$ 可见，Φ_m 的值是由 E_1 和 f_1 共同决定的，对 E_1 和 f_1 进行适当的控制，就可以使气隙磁通保持额定值不变，具体分析如下。

（1）基频以下的恒磁通变频调速

这是考虑从基频（电动机额定频率 f_{1N}）向下调速的情况。为了保持电动机的负载能力，应保持气隙主磁通 Φ_m 不变，这就要求在降低供电频率的同时降低感应电动势，保持 E_1/f_1 =常数，即保持电动势与频率之比为常数。这种控制又称为恒磁通变频调速，属于恒转矩调速方式。

但是，E_1 难于被直接检测和直接控制。当 E_1 和 f_1 的值较高时，定子的漏阻抗压降相对比较小，如忽略不计，则可以近似地保持定子相电压 U_1 和频率 f_1 的比值为常数，即认为 $U_1 = E_1$，因此保持 E_1/f_1 为常数即可，这就是恒压频比控制方式，是近似的恒磁通控制。

当频率较低时，U_1 和 E_1 都较小，定子漏抗压降（主要是定子电阻压降）不能再忽略。在这种情况下，可以人为地适当提高定子电压以补偿定子电压降的影响，使气隙磁通基本保持不变。U/f 的控制关系如图 2-1 所示，其中曲线 1 为 $U_1/f_1 = C$（C 为常数）时的电压、频

率关系；曲线 2 为有电压补偿时（近似 $U_1/f_1 = C$）时的电压、频率关系。实际装置中 U_1 与 f_1 的函数关系并不简单地如曲线 2 表示。通用变频器中 U_1 与 f_1 之间的函数关系有很多种，可以根据负载性质和运行状况加以选择。

（2）基频以上的弱磁变频调速

这是考虑由基频开始向上调速的情况。频率由额定值 f_{1N} 向上增大，但电压 U_1 受额定电压 U_{1N} 的限制不能再升高，只能保持 $U_1 = U_{1N}$ 不变。这样必然会使主磁通随着 f_1 的上升而减小，相当于直流电动机弱调速的情况，属于近似的恒功率调速方式。

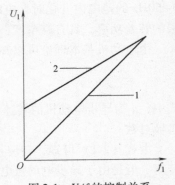

图 2-1 U/f 的控制关系
1—$U_1/f_1 = C$（C 为常数）时
的电压-频率关系
2—有电压补偿时（近似 $U_1/f_1 = C$,
C 为常数）的电压-频率关系

综合上述两种情况，异步电动机变频调速的基本控制方式如图 2-2 所示。

由上面的分析可知，异步电动机的变频调速必须按照一定的规律同时改变其定子电压和频率，即必须通过变频装置获得电压和频率均可调节的供电电源，实现所谓的 VVVF 调速控制。变频器可适应这种异步电动机变频调速的基本要求。

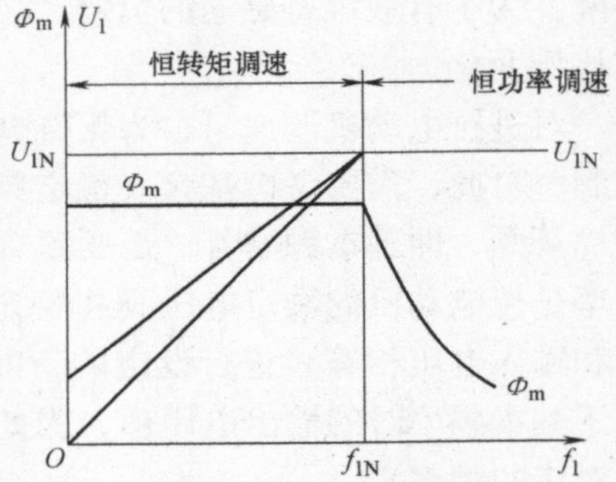

4. 变频器的基本构成

变频器的基本构成如图 2-3 所示，由主电路（包括整流器、中间直流环节、逆变器）和控制电路组成。各部分作用如下：

（1）电网侧变流器

主要是对电网交流电进行整流。它的作用是把三相（也可以是单相）交流电整流成直流电。

（2）逆变器

负载侧的整流器为逆变器，最常见的结构形式是六个主开关器件组成的三相桥式逆变电路，有规则地控制主开关的通与断，可以得到任意频率的三相交流电。

图 2-2 基本控制方式

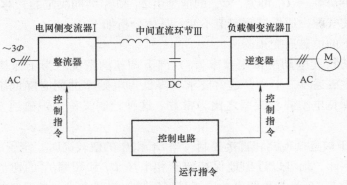

图 2-3 变频器的基本构成

（3）中间环节

变频器的负载一般为电动机，属于感性负载，运行中中间直流环节和电动机之间总会有无功功率交换，这种无功功率将由中间环节来缓冲，故又叫中间储能环节。

（4）控制电路

主要是完成对逆变器的开关控制，对整流器的电压控制，以及完成各种保护功能。

5. 变频器的作用

变频调速能够应用在大部分的电动机拖动场合，由于它能提供精确的速度控制，因此可以方便地控制机械传动的上升、下降和变速运行。变频器应用还可以大大地提高工艺的高效性，同时可以比原来的定速运行电动机更加节能。

2.2　三菱FR-E740型变频器的结构和安装

FR-E740-0.75K-CHT是三菱（MITSUBISHI）公司的通用变频器，采用三相电源供电方式，提高过载能力，设置全方位器件保护措施。该型号变频器功率范围：0.1～15kW，采用先进磁通矢量控制，0.5Hz时200%转矩输出，扩充PID，柔性PWM，内置Modbus-RTU协议，停止精度提高。加选件卡FR-A7NC，可以支持CC-Link通信；加选件卡FR-A7NL，可以支持LONWORKS通信；加选件卡FR-A7ND，可以支持DeveiceNet通信；加选件卡FR-A7NP，可以支持Profibus-DP通信。

1. 认识变频器的基本结构

FR-E740-1.5K变频器的外观实物及各部分的名称如图2-4所示。

2. 变频器的安装与维护

设计、制作变频器的控制柜时，须充分考虑到控制柜内各装置的发热及使用场所的环境等因素，然后再决定控制柜的结构、尺寸和装置的配置。变频器单元中采用了较多半导体器件，为了提高其可靠性并确保长期稳定地使用，请在充分满足装置规格的环境中使用变频器。

（1）变频器的安装环境

变频器安装环境的标准规格如表2-1所示，在超过此条件的场所使用时不仅会导致性能降低、寿命缩短，甚至会引起故障。

表2-1　变频器安装环境的标准规格

项　目	内　　容	项　目	内　　容
周围环境温度	−10～+50℃（不结冰）	海拔	1000m 或以下
周围湿度	90%RH 或以下（不凝露）	振动	5.9m/s^2 或以下
环境	无腐蚀性气体、可燃性气体、尘埃等		

1）温度：变频器的容许周围温度范围是−10～+50℃，必须在此温度范围内使用。超过此范围使用时，半导体、零件、电容器等的寿命会显著缩短。

2）湿度：变频器使用的周围湿度范围通常为45%～90%。湿度过高时，会发生绝缘降低及金属部位的腐蚀现象。另一方面，如果湿度过低，会产生空间绝缘破坏。JEM1103"控制设备的绝缘装置"中所规定的绝缘距离是以45%～85%的湿度为前提的。

3）尘埃、油雾：尘埃会引起接触部位的接触不良，积尘吸湿后会引起绝缘降低、冷却效果下降，过滤网孔堵塞会引起控制柜内温度上升等不良现象。另外，在有导电性粉末漂浮

● 变频器型号

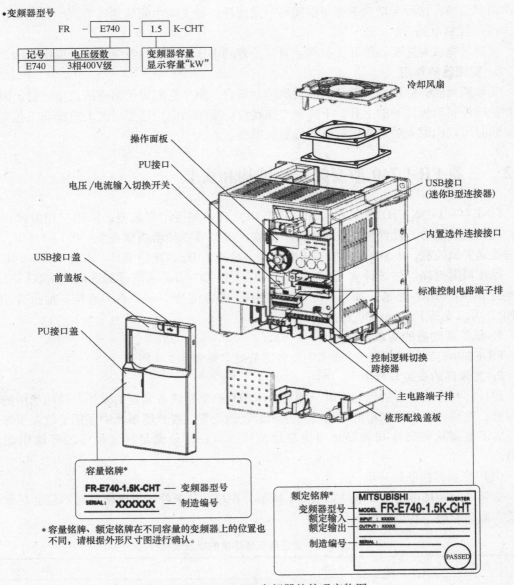

FR — E740 — 1.5 K-CHT

记号	电压级数
E740	3相400V级

变频器容量
显示容量"kW"

冷却风扇

操作面板
PU接口
电压/电流输入切换开关
USB接口盖
前盖板
PU接口盖

USB接口
(迷你B型连接器)
内置选件连接接口
标准控制电路端子排
控制逻辑切换
跨接器
主电路端子排
梳形配线盖板

容量铭牌*

FR-E740-1.5K-CHT —— 变频器型号
SERIAL: XXXXXX —— 制造编号

*容量铭牌、额定铭牌在不同容量的变频器上的位置也
不同，请根据外形尺寸图进行确认。

额定铭牌*
变频器型号
额定输入
额定输出
制造编号

MITSUBISHI INVERTER
MODEL FR-E740-1.5K-CHT
INPUT: XXXXX
OUTPUT: XXXXX
SERIAL:
PASSED

图 2-4　FR-E740-1.5K 变频器的外观实物图

的环境下，会在短时间内产生误动作、绝缘劣化或短路等故障。有油雾的情况下也会发生同样的状况，因此有必要采取充分的对策。

4）腐蚀性气体、盐害：变频器安装在有腐蚀性气体的场所或是海岸附近易受盐害影响的场所使用时，会导致印制线路板的线路图案及零部件腐蚀，继电器、开关部位的接触不良等现象。在此类场所使用时，应采取相应的对策。

5）易燃易爆性气体：变频器并非防爆结构设计，必须安装在具有防爆结构的控制柜内使用。在可能会由于爆炸性气体、粉尘引起爆炸的场所下使用时，必须使用结构上符合相关法令规定的标准指标并检验合格的控制柜。这样，控制柜的价格（包括检验费用）会非常高。所以，最好避免安装在以上场所，而应安装在安全的场所使用。

6）高地：请在海拔 1000m 以下的地区使用本变频器。这是因为随着高度的升高，空气会变得稀薄，从而引起冷却效果降低以及气压下降，导致绝缘强度容易发生劣化。

7）振动、冲击：变频器的耐振强度应在振频 10～55Hz、振幅 1mm、加速度 $5.9m/s^2$ 以下。即使振动及冲击在规定值以下，如果承受时间过长，也会引起机构部位松动、连接器接触不良等问题。特别是反复施加冲击时比较容易产生零件安装脚的折断等故障，应加以注意。

（2）变频器控制柜冷却方式的种类

安装变频器的控制柜应保证能良好地发散变频器及其他装置（变压器、灯、电阻等）发出的热量和阳光直射等外部进来的热量，从而将控制柜内温度维持在包含变频器在内的柜内所有装置的容许温度以下。

从冷却的计算方法来对冷却方式分类如下：

1）柜面自然散热的冷却方式（全封闭型）；

2）通过散热片冷却的方式（铝片等）；

3）换气冷却（强制通风式、管通风式）；

4）通过热交换器或冷却器进行冷却（热管、冷却器等）。

（3）变频器的配置

1）变频器的安装：安装多个变频器时，要并列放置，安装后采取冷却措施，请垂直安装变频器，具体安装如图 2-5 所示。

2）变频器周围的间隙：为了散热及维护方便，变频器与其他装置及控制柜壁面应分开一定距离，确保周围空间至少大于图 2-6 所示尺寸。变频器下部作为接线空间，变频器上部作为散热空间，至少应保证图 2-6 所示尺寸。

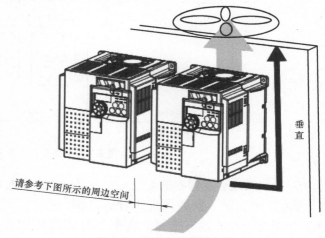

图 2-5　多台变频器的安装

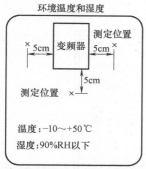
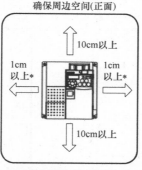
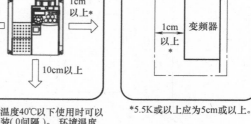

图 2-6　变频器的安装尺寸

3）变频器的安装方向：变频器应正确规范地安装在壁面。请勿以水平或其他方式安装。

4）变频器上部：内置在变频器单元中的小型风扇会使变频器内部的热量从下往上升，因此如果要在变频器上部配置器件，应确保该器件即使受到热的影响也不会发生故障。

5）安装多台变频器时：在同一个控制柜内安装多台变频器时，通常按图 2-7a 所示进行横向摆放。因控制柜内空间较小而不得不进行纵向摆放时，由于下部变频器的热量会引起上部变频器的温度上升，从而导致变频器故障，因此应采取安装防护板等对策，如图 2-7b 所示。另外，在同一个控制柜内安装多台变频器时，应注意换气、通风或是将控制柜的尺寸做得大一点，以保证变频器周围的温度不会超过容许值范围。

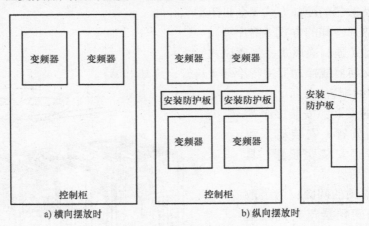

图 2-7　安装多台变频器

6）换气风扇和变频器的配置：变频器内部产生的热量通过风扇的冷却成为暖风从单元的下部向上部流动。安装风扇进行通风时，应考虑风的流向，决定换气风扇的安装位置（风会从阻力较小的地方通过，应制作风道或整流板等确保冷风吹向变频器），如图 2-8 所示。

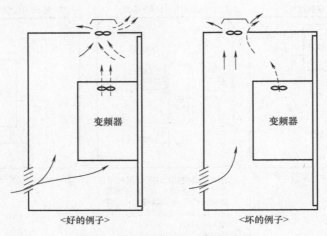

图 2-8　换气风扇和变频器的配置

2.3 变频器各端子的作用与接线

1. 端子的作用与接线（见图2-9）

• 三相400V电源输入

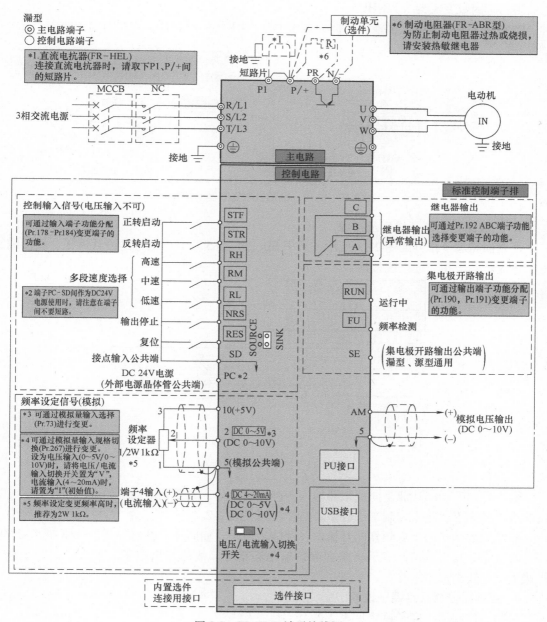

图2-9 FR-E740端子接线图

2. 主电路端子的端子排与电源、电动机的接线

电源、电动机和变频器的连接如图2-10所示，电源线必须连接至 R/L1、S/L2、T/L3，

U、V、W 为变频器输出，接三相异步电动机，在连接时要注意电源线绝对不能接端子 U、V、W 上，若接错线可能造成变频器和外部设备损坏。由于变频器工作时可能会漏电，为安全起见，应将接触端子与接地线连接好，以便泄放变频器的漏电电流。

P/+、PR 为制动电阻器连接，在端子 P/+、PR 间连接选购的制动电阻器（FR-ABR）。

P/+、N/- 为制动单元连接，连接制动单元（FR-BU2）、共直流母线变流器（FR-CV）以及高功率因数变流器（FR-HC）。

P/+、P1 为直流电抗器连接，拆下端子 P/+、P1 间的短路片，连接直流电抗器。

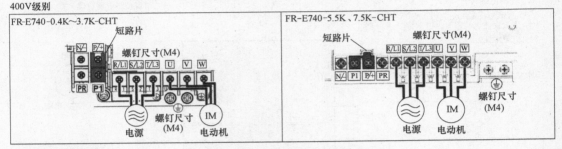

图 2-10　电源、电动机和变频器的接线

3. 控制回路的端子排列及接线

控制回路端子排列如图 2-11 所示，端子 SD、SE 和 5 为 I/O 信号的公共端子，在接线时不能将这些端子相互连接或接地。

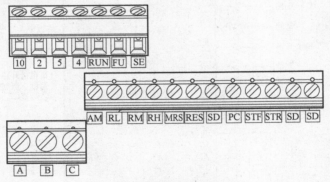

图 2-11　控制回路端子排列

输入控制端子的功能是向变频器输入各种控制信号，如控制电动机的正转或反转、变频器的输出频率等。输入控制端子较多，具体说明见表 2-2。

输出控制端子用于变频器向外输出各种输出信号，如向外可输出开关信号驱动外部继电器是否动作，输出模拟量显示当前变频器输出频率等。故障输出端子（A、B、C）上请务必接上继电线圈或指示灯。

4. 变频器控制回路端子说明

变频器控制回路端子说明见表 2-2。

5. 控制逻辑的切换

漏型逻辑指信号输入端子有电流流出时信号为 ON 的逻辑。端子 SD 是接点输入信号的公共端子，端子 SE 是集电极开路输出信号的公共端子，如图 2-12 所示。

表2-2 变频器控制回路端子说明

类型		端子记号	端子名称	端子功能说明		额定规格
输入信号	接点输入	STF	正转起动	STF信号ON为正转,OFF为停止	当STF和STR信号同时ON时,相当于给出停止指令	输入电阻4.7kΩ 开路时,电压DC21~26V;短路时,电流DC4~6mA
		STR	反转起动	STR信号ON为反转,OFF为停止		
		RH,RM,RL	多段速度选择	用RH、RM和RL信号的组合可以选择多段速度		
		MRS	输出停止	MRS信号为ON(20ms以上)时,变频器输出停止,用电磁制动停止电动机时,断开变频器的输出		
		RES	复位	用于解除保护回路动作的报警输出。使RES信号处于ON在0.1s以上,然后断开		
		SD	接点输入公共端(漏型)(初始设定)	接点输入端子(漏型逻辑)		—
			外部晶体管公共端(源型)	源型逻辑时,应当连接晶体管输出(集电极开路输出),例如可编程序控制器时,将晶体管输出用的外部电源公共端接到该端子时,可防止因漏电引起的误动作		
			DC24V电源	直流24V,0.1A(PC端子)电源的输出公共端。与端子5及SE绝缘		
		PC	外部晶体管公共端(漏型)(初始设定)	漏型逻辑时,应当连接晶体管输出(集电极开路输出),例如可编程序控制器时,将晶体管输出用的外部电源公共端接到这个端子时,可以防止因漏电引起的误动作		电源电压范围DC22~26V,容许负载电流100mA
			接点输入公共端(源型)	接点输入端子(源型逻辑)的公共端子		
			DC24V电源	可用于DC24V,0.1A电源使用		
	频率设定	10	频率设定用电源	作为外接频率设定(速度设定)用电位器时电源使用		DC5V±0.2V,容许负载电流10mA
		2	频率设定(电压)	输入DC0~5V(或0~10V)时,5V(或10V)对应于最大输出频率,输入输出成比例。通过Pr.73进行输入DC0~5V(初始设定)和DC0~10V输入的切换		输入电阻10kΩ±1kΩ,最大容许电压DC20V
		4	频率设定(电流)	输入DC4~20mA时,在20mA为最大输出频率,输入输出成比例。只在端子AU信号为ON时,端子4的输入信号才有效。通过Pr.267进行输入4~20mA(初始设定)和DC0~5V、DC0~10V输入的切换。电压输入(0~5V/0~10V)时,请将电压/电流输入切换开关切换至"V"		电流输入的情况下:输入阻抗233Ω±5Ω,容许最大电流为30mA。电压输入情况下:输入电阻10kΩ±1kΩ,最大容许电压DC20V
		5	频率设定公共端	频率设定信号(端子2或4)和端子AM的公共端子。请不要接地		—

（续）

类型		端子记号	端子名称	端子功能说明		额定规格
输出信号	继电器	A, B, C	继电器输出（异常输出）	指示变频器因保护功能动作而输出停止的C接点输出。异常时：B-C间不导通（A-C间导通）；正常时：B-C间导通（A-C间不导通）		接点容量 AC230V 0.3A（功率因数=0.4），DC30V 0.3A
	集电极开路	RUN	变频器正在运行	变频器输出频率为起动频率（初始值为0.5Hz）或以上时为低电平，正在停止或正在直流制动时为高电平		容许负载 DC24V（最大DC27V），0.1A（ON时最大压降3.4V）
		FU	频率检测	输出频率为任意设定的检测频率以上时为低电平，未达到时为高电平		
		SE	集电极开路输出公共端	端子RUN、FU的公共端子		—
	模拟	AM	模拟电压输出	可以从多种监视项目中选择一种作为输出。输出信号与各监视项目的大小成比例	输出项目：输出频率（初始设定）	输出信号 DC 0~10V，许可负载电流 1mA（负载阻抗 10kΩ 以上），分辨率8位
通信	RS-485	—	PU 接口	通过 PU 接口，进行 RS-485 通信 ·标准规格：EIA-485（RS-485） ·传输方式：多站点通信 ·通信速率：4800~38400bit/s ·总距离：500m		
	USB	—	USB 接口	与个人计算机通过 USB 连接后，可实现 FR Configurator 的操作。 ·接口：USB1.1 标准 ·传输速度：12Mbit/s ·连接器：USB 迷你-B 连接器（插座 迷你-B 型）		

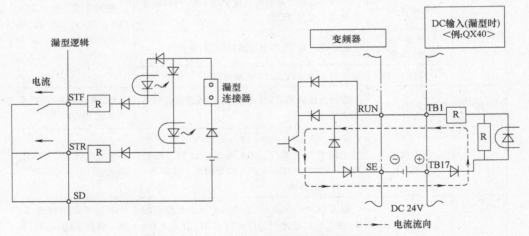

图 2-12　漏型逻辑时输入输出的电流流向

　　源型逻辑指信号输入端子中有电流流入时信号为 ON 的逻辑。端子 PC 是接点输入信号的公共端子，端子 SE 是集电极开路输出信号的公共端子，如图 2-13 所示。

　　输入信号出厂设定为漏型逻辑（SINK）。为了切换控制逻辑，需要切换控制端子上方的跨接器，如图 2-14 所示。

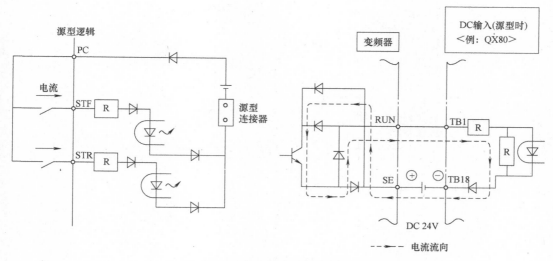

图 2-13 源型逻辑时输入输出的电流流向

使用镊子或尖嘴钳将漏型逻辑（SINK）上的跨接器转换至源型逻辑（SOURCE）上。跨接器的转换请在未通电的情况下进行。

注意：认真检查前盖板是否牢固安装好；在前盖板上贴有铭牌，本体上贴有额定铭牌，分别印有同一序列号，拆下的盖板必须安装在原来的变频器上；漏型、源型逻辑的切换跨接器请务必只安装在其中一侧，若两侧同时安装，可能会导致变频器损坏。

若晶体管输出使用外部电源情况时，有漏型逻辑和源型逻辑两种。

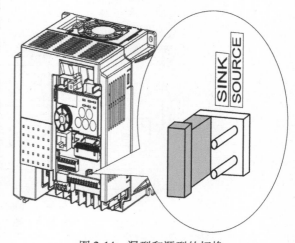

图 2-14 漏型和源型的切换

（1）漏型逻辑

端子 PC 作为公共端子时，请按图 2-15 所示进行接线。注意：变频器的 SD 端子请勿与外部电源的 0V 端子连接。且把端子 PC-SD 间作为 DC 24 电源使用时，变频器的外部不可以设置并联的电源，因为有可能会因漏电流而导致误动作。

（2）源型逻辑

端子 SD 作为公共端子时，请按图 2-16 所示进行接线。注意：变频器的 PC 端子请勿与外部电源的 +24 端子连接。且把端子 PC-SD 间作为 DC 24 电源使用时，变频器的外部不可以设置并联的电源，因为有可能会因漏电流而导致误动作。

6. 连接 PU 接口

使用 PU 接口可以通过 FR-PU07 运行或与电脑等进行通信。PU 接口盖的打开方法如图 2-17 所示。

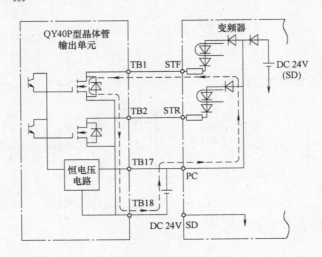

图 2-15 漏型逻辑

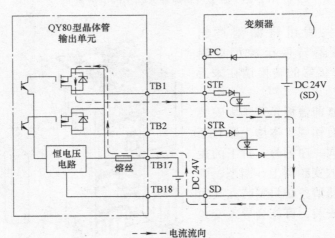

图 2-16 源型逻辑

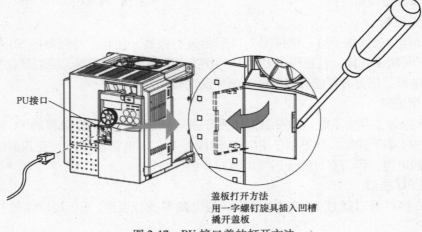

盖板打开方法
用一字螺钉旋具插入凹槽
撬开盖板

图 2-17 PU 接口盖的打开方法

（1）使用连接电缆连接参数单元

使用连接电缆连接参数单元时，可使用选件 FR-CB2□□或市售的接口、电缆。操作方法为：将连接电缆的一头插入变频器的 PU 接口，另一头插入 FR-PU07 的接口，插入时对准导槽，并切实扣紧卡扣固定，如下图 2-18 所示。

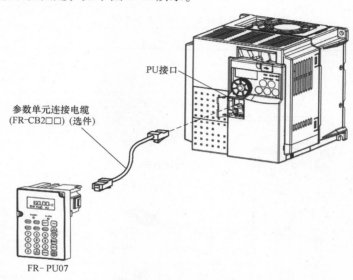

图 2-18　使用连接电缆连接参数单元

需要注意的是，不要连接至个人计算机的 LAN 端口、FAX 调制解调器用插口或电话用接口等。由于电气规格不一致，可能会导致变频器或对应设备的损坏。

（2）RS-485 通信时

PU 接口用通信电缆连接个人计算机或 FA 等计算机，用户可以通过客户端对变频器进行操作、监视或读写参数。Modbus RTU 协议的情况下，也可以通过 PU 接口进行通信。PU 接口插针排列如图 2-19 所示。

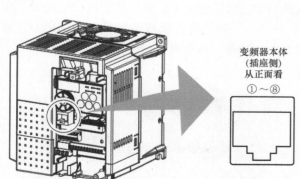

插针编号	名称	内容
①	SG	接地（与端子5导通）
②	—	参数单元电源
③	RDA	变频器接收+
④	SDB	变频器发送−
⑤	SDA	变频器发送+
⑥	RDB	变频器接收−
⑦	SG	接地（与端子5导通）
⑧	—	参数单元电源

图 2-19　PU 接口插针排列

7. USB 接口

可以通过 USB（Ver1.1）电缆连接个人计算机和变频器，如图 2-20 所示。可以使用 FR Configurator（FR-SW3-SETUP-W□）进行参数设定或监视等，配置见表 2-3。

表 2-3　USB 连接器各部分配置

接口	USB1.1 标准
传输速度	12Mbit/s
配线长度	最大 5m
连接器	USB　迷你-B 连接器（插座　迷你-B 型）
电源	自行供应电源

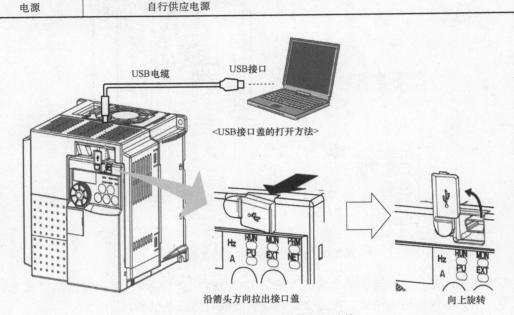

图 2-20　USB 连接器与计算机的连接

2.4　三菱 FR-E740 型变频器的操作面板与参数

使用变频器之前，首先要熟悉它的面板显示和键盘操作单元，要按照使用现场的要求合理设置参数。三菱 E740 变频器的操作单元有两种：一种是操作面板，型号为 FR-DU07；另一种为参数单元，型号为 FR-PU07，具有数字单元按键，使用方便。

1. 操作面板简介

操作面板不能从变频器上拆下，操作面板上的按键名称如图 2-21 所示，操作面板各部分的作用见表 2-4 和表 2-5。

2. 变频器的功能参数

变频器的功能是将工频电源转换成所需频率的电源来驱动电动机。变频器控制电动机运行，其各种性能和运行方式均是通过许多参数设定来实现的。变频器用于单纯可变速运行时，按出厂设定的参数运行即可。但由于电动机负载

图 2-21　FR-E740 操作面板

表 2-4　FR-E740 操作面板简介

按键	说　　明
(RUN)	起动指令,通过 Pr.40 的设定,可以选择旋转方向
(STOP/RESET)	停止运行,也可以进行报警复位
(MODE)	模式切换,用于切换各设定模式。和 (PU/EXT) 同时按下也可以用来切换运行模式。长按此键(2s)可以锁定操作
(SET)	各设定的确定,运行中按此键则监视器出现以下显示: 运行频率 ⟶ 输出电流 ⟶ 输出电压
(PU/EXT)	运行模式切换,用于切换 PU/外部运行模式。使用外部运行模式(通过另接的频率设定旋钮和起动信号起动的运行)时按此键,使表示运行模式的 EXT 处于亮灯状态(切换至组合模式时,可同时按 MODE 键 0.5s 或者变更参数 Pr.79)
(M旋钮)	M 旋钮,用于变更频率设定、参数的设定值。按该旋钮可显示以下内容:监视模式时的设定频率;校正时的当前设定值;错误历史模式时的顺序
8888	监视器(4 位 LED),显示频率、参数编号等

表 2-5　操作面板功能说明

表示	说　　明	表示	说　　明
Hz	显示频率时亮灯	NET	网络运行模式时亮灯
A	显示电流时亮灯	RUN	变频器运行时亮灯,正转时亮灯,反转时闪烁
PU	PU 运行模式时亮灯	MON	监视模式时亮灯
EXT	外部运行模式时亮灯	PRM	参数设定模式时亮灯

种类繁多,为了让变频器在驱动不同电动机负载时具有良好的性能,应根据需要使用变频器相关的控制功能,并且对有关的参数进行设置。

（1）功能参数

各种变频器都具有许多可供用户选择的功能,用户在使用前,必须根据生产机械的特点和要求对各种功能进行设定,这种预先设定的工作称为功能预置。准确地预置变频器的各项功能,可使变频调速系统的工作过程尽可能与生产机械的特性和要求相吻合,使变频调速系统运行在最佳状态。

功能参数由功能码和数据码组成。变频器对各种功能按一定的方式进行编码,表示某项功能的代码称为功能码。对每种功能可以进行设定的数据或代码,称为数据码。各种变频器的功能设置大同小异,但它们对功能码和数据码的编排方法的差异却很大。

1）功能码：功能码是表示各种功能的代码。例如,在三菱变频器 FR-740 中,功能码"Pr.1"表示上限频率；功能码"Pr.79"表示操作模式选择。

2）数据码：数据码表示各种功能所需预置的数据或代码。它有以下几种情形：

① 直接数据。有些功能中所需预置的内容本身就是数据，如最高频率为 50Hz、升速时间为 20s 等。

② 赋值代码。有些功能中所需预置的内容本身并不是数据，例如频率给定方式、升速方式、降速方式、操作模式选择等，在这种情况下，通常对于不同的预置内容分别用不同的代码来表示，称之为赋值代码。例如，对于操作模式选择功能码"Pr.79"，分别赋值为：1 表示 PU 运行模式，2 表示外部运行模式等。

（2）功能参数预置

用户在使用变频器时，必须根据负载的具体情况对各种功能进行预先设置，称为功能预置。这样才能使变频后电动机的性能满足生产机械的要求。

变频器在出厂时，根据一般要求，将变频器的基本功能参数进行了预置，称为"工厂设置"。变频器在现场应用时，"工厂设置"的基本参数功能大部分不需要修改，但当有些参数不能适应工作需要时，就必须进行修改，这就是对功能参数进行预置。

功能预置一般都是通过编程方式来进行的。因此，功能预置必须在"编程模式"下进行。

尽管各种变频器的功能预置各不相同，但基本方法和步骤十分类似，大致如下：

1）转入编程模式。

2）功能参数码表，找出需要预置数的功能码。

3）在参数设定模式（编程模式）下，读出该功能码中的原有数据。

4）修改数据，送入新数据。

5）转入运行模式。

变频器预置完成后，可先在输出端不接电动机的情况下，就几个较易观察的项目（如升速和降速时间、点动频率等）检查变频器的执行情况是否与预置相符合，并检查三相输出电压是否平衡。

3. 变频器的功能参数说明

变频器控制电动机的运行，其各种性能和运行方式的实现均是通过许多的参数设置来实现的，不同的参数都定义着某一个功能，不同的变频器参数的多少是不一样的。总体来说，有基本功能参数、运行参数、定义控制端子功能参数、附加功能参数、运行模式参数等，理解这些参数的意义，是应用变频器的基础。

（1）基本频率参数的功能

1）给定频率：给定频率即用户根据生产工艺的需求所设定的变频器输出频率。例如，原来工频供电的风机电动机现改为变频调速供电，就可设置给定频率为 50Hz，其设置方法有两种：一种是用变频器的操作面板来输入频率的数字量 50；另一种是从控制接线端上用外部给定信号（电压或电流）进行调节，最常见的形式就是通过外接电位器来完成。

给定频率可有三种方式供用户选择：

① 面板给定方式。通过面板上的键盘设置给定频率。

② 外接给定方式。通过外部的模拟量或数字输入给定端口，将外部频率给定信号输入变频器。

③ 通信接口给定方式。由计算机或其他控制器通过通信接口进行给定。

外接给定信号有以下两种：

① 电压信号。电压信号一般有 0~5V、0~±5V、0~10V、0~±10V 等几种。

② 电流信号。电流信号一般有 0~20mA、4~20mA 两种。

2）输出频率：输出频率即变频器实际输出的频率。当电动机所带的负载变化时，为使拖动系统稳定，此时变频器的输出频率会根据系统情况不断地调整，因此输出频率是在给定频率附近经常变化的。

3）基准频率与基准频率电压：基准频率也叫基本频率，当使用标准电动机时，通常设定为电动机的额定频率。基准电压是指输出频率到达基准频率时变频器的输出电压，基准电压通常取电动机的额定电压。

4）上限频率和下限频率：上限频率和下限频率是指变频器输出的最高、最低频率。根据拖动系统所带的负载不同，有时要对电动机的最高、最低转速予以限制，以保证拖动系统的安全和产品的质量。另外，由操作面板的误操作及外部指令信号的误动作引起的频率过高和过低，可通过设置上限频率和下限频率来抑制其不良影响，同时对系统起到保护作用。常用的方法就是给变频器的上限频率和下限频率赋值。当变频器的给定频率高于上限频率或者是低于下限频率时，变频器的输出频率将被限制在上限频率或下限频率。

（2）其他频率、参数

1）点动频率：点动频率是指变频器在点动时的给定频率。生产机械在调试以及每次新的加工过程开始前常需进行点动测试，以观察整个拖动系统各部分的运转是否良好。为防止发生意外，大多数点动运转的频率都较低。如果每次点动前都需要将给定频率修改成点动频率是很麻烦的，所以一般的变频器都提供了预置点动频率的功能。如果预置了点动频率，则每次点动时，只需要将变频器的运行模式切换至点动运行模式即可，不必再改动给定频率了。

2）载波频率（PWM 频率）：PWM 变频器的输出电压是一系列脉冲，脉冲的宽度和间隔均不相等，其大小取决于调制波（基波）和载波（三角波）的交点。载波频率越高，一个周期内脉冲的个数越多，也就是说脉冲的频率越高，电流波形的平滑性就越好，但是对其他设备的干扰也就越大。载波频率如果预置不合适，还会引起电动机铁心的振动而发出噪声，因此一般的变频器都提供了 PWM 频率调整的功能，使用户在一定的范围内可以调节该频率，从而使得系统的噪声最小，波形平滑性最好，同时干扰也最小。

3）起动频率：起动频率是指电动机开始起动时的频率，常用 f_s 表示。这个频率可以从 0 开始，但是对于惯性较大或是摩擦转矩较大的负载，需加大起动转矩。起动频率可以加大至 f_s，此时起动电流也较大。一般的变频器都可以预置起动频率，一旦预置该频率，变频器对小于起动频率的运行频率将不理睬。

给定起动频率的原则是：在起动电流不超过允许值的前提下，拖动系统能够顺利起动为宜。

4）多档转速频率：由于工艺上的要求，很多生产机械在不同的阶段需要在不同的转速下运行。为方便这种负载，大多数变频器均提供了多档频率控制功能。它是通过几个开关的通、断组合来选择不同的运行频率。

5）转矩提升：当变频器频率较低时，其输出电压也较低，而电动机定子绕组的电阻值是不变的，在低频时使流过绕组的电流下降，电动机的转矩不足。转矩提升功能是设置电动机起动时的转矩大小。通过设置该功能参数，可以补偿电动机绕组上的电压降，从而改善电动机低速运行时的转矩性能。通过这个参数可以调整低频域电动机转矩使之配合负荷并增大起动转矩。

6）简单模式参数：在初始设定值不作任何改变的状态下，要实现变频器变速运行，需要根据负荷或运行规格等设定必要的参数，可以在操作面板（FR-PU07）上进行参数的设定、变更等操作。

通过 Pr.160 用户参数组可以进行读取选择的设定，这里仅显示简单模式参数（初始设定时将显示全部参数）。可根据需要进行 Pr.160 用户参数组读取选择的设定。简单模式参数见表 2-6。

表 2-6 简单模式参数

参数编号	名称	单位	初始值	范围	用 途
0	转矩提升	0.1%	6%/4%/3% *	0~30%	V/F 控制时，在需要进一步提高起动时的转矩、以及负载后电机不转动、输出报警（OL）且（OC1）发生跳闸的情况下使用 * 初始值根据变频器容量不同而不同（0.75K 以下/ 1.5K~3.7K、5.5K、7.5K）
1	上限频率	0.01Hz	120Hz	0~120Hz	设置输出频率的上限时使用
2	下限频率	0.01Hz	0Hz	0~120Hz	设置输出频率的下限时使用
3	基准频率	0.01Hz	50Hz	0~400Hz	请确认电动机的额定铭牌
4	3 速设定（高速）	0.01Hz	50Hz	0~400Hz	用参数预先设定运转速度，用端子切换速度时使用
5	3 速设定（中速）	0.01Hz	30Hz	0~400Hz	
6	3 速设定（低速）	0.01Hz	10Hz	0~400Hz	
7	加速时间	0.1s	5s/10s *	0~3600s	可以设定加减速时间 * 初始值根据变频器容量不同而不同（3.7K 以下/5.5K、7.5K）
8	减速时间	0.1s	5s/10s	0~3600s	
9	电子过电流保护	0.01A	变频器额定电流	0~500A	用变频器对电动机进行热保护。设定电动机的额定电流
79	操作模式选择	1	0	0、1、2、3、4、6、7	选择起动指令场所和频率设定场所
125	端子 2 频率设定增益	0.01Hz	50Hz	0~400Hz	改变电位器最大值（5V 初始值）的频率
126	端子 4 频率设定增益	0.01Hz	50Hz	0~400Hz	可变更电流最大输入（20mA 初始值）时的频率
160	用户参数组读取选择	1	0	0、1、9999	可以限制通过操作面板或参数单元读取的参数

7）加速时间和减速时间：加速时间是指输出频率从 0Hz 上升到基准频率所需的时间。加速时间越长，起动电流越小，起动越平缓。对频繁起动的设备，加速时间要求短些；对惯性较大的设备，加速时间要求长些。Pr.7 参数用于设置电动机加速时间，Pr.7 的值设置得越大，加速时间越长。

减速时间是指从输出频率由基准频率下降到 0Hz 所需的时间。Pr.8 参数用于设置电动机减速时间，Pr.8 的值设置得越大，减速时间越长。

8）电子过电流保护功能与参数：Pr.9 参数用来设置电子过电流保护的电流值，可防止电动机过热，即使在低速运行下电动机冷却能力降低时，也可以使电动机得到最优性能的保护。在设置电子过电流保护参数时要注意以下几点：

① 当参数值设定为 0 时，电子过电流保护（电动机保护）功能无效，但变频器输出晶体管保护功能有效。

② 当变频器连接两台或三台电动机时，电子过电流保护功能不起作用，请给每台电动机安装外部热继电器。

③ 当变频器和电动机容量相差过大和设定过小时，电子过电流保护特性将恶化，在此情况下，请安装外部热继电器。

④ 特殊电动机不能用电子过电流保护，请安装外部热继电器。

⑤ 当变频器连接一台电动机时，该参数一般设定为 1~1.2 倍的电动机额定电流。

9）参数写入禁止选择和逆转防止选择：Pr.77 用于参数写入禁止或允许；Pr.78 用于防止泵类反转。

当变频器所有参数设置完毕后，可选择以数写入禁止或允许。此功能用于防止参数值被意外改写。

Pr.78 可以防止由于起动信号的误动作产生的逆转事故，用于仅运行在一个方向的机械，例如风机、泵等。若要求电动机的运行只能正转，不能逆转，则可设置本参数。

2.5　变频器的试起动

1. 简单设定运行模式

可通过简单的操作来完成利用起动指令和速度指令的组合进行的 Pr.79 运行模式选择设定。

起动指令、外部（STF/STR）、频率指令通过 ⬤ 运行，对应的操作和显示如下：

1）电源接通时显示的监视器画面为 [0.00 Hz] ；

2）同时按住 [PU EXT] 和 [MODE] 按钮 0.5s，则显示 [79 --] ；

3）旋转 ⬤，将值设定为 **79-3**，则显示 [79-3] ；关于其他设定见表 2-7。

表 2-7　运行模式

操作面板显示	运行方法	
	起动指令	频率指令
闪烁 **79-1**　PRM PU 闪烁	RUN	⬤
闪烁 **79-2**　PRM EXT 闪烁	外部（STF、STR）	模拟电压输入

(续)

操作面板显示	运行方法	
	起动指令	频率指令
79-3（闪烁） PRM PU EXT（闪烁）	外部（STF、STR）	（M旋钮）
79-4（闪烁） PRM PU EXT（闪烁）	RUN	模拟电压输入

4）按 SET 键确定，则显示 79-3 79-- ，参数设定完成，3s后监视器显示 0.00 Hz MON PU EXT 。

2. 操作锁定

长按［MODE］键2s，可以防止参数变更、防止意外起动或停止，使操作面板的M旋钮、键盘操作无效化。

1）电源接通时显示的监视器画面为 0.00 Hz MON EXT ；

2）按 PU/EXT 键，进入PU运行模式，显示为 0.00 PU ；

3）按 MODE 键，进入参数设定模式，显示为 P. 0 PRM ；

4）旋转 ，将参数编号设定为 Pr.161，显示为 P.161 ；

5）按 SET 键，读取当前的设定值，显示设定值为"0"（初始值），显示为 0 ；

6）旋转 ，将值设定为10，显示为 10 ；

7）按键 SET 确定，显示为 10 P.161 ，参数设定完成；

8）按键 MODE 2s左右，变为键盘锁定模式，显示为 HOLd Hz MON PU 。

3. 监视输出电流和输出电压

在监视模式中按 SET 键可以切换输出频率、输出电流、输出电压的监视器显示。

1）运行中按 SET 键，监视器显示输出频率 60.00 Hz RUN MON EXT ，Hz亮灯。

2）无论在哪种运行模式下，若运行、停止中按 SET 键，监视器上将显示输出电流 100 A RUN MON EXT ，A亮灯。

3）按 SET 键，监视器上将显示输出电压 220.0 RUN MON EXT ，Hz、A熄灭。

4. 变更参数的设定值

变更 Pr.1 上限频率，操作如下：

1）电源接通时，显示的监视器画面为 0.00 Hz MON EXT ；

2）按 PU/EXT 键，进入PU运行模式，显示为 0.00 PU ；

3）按 MODE 键，进入参数设定模式，显示为 P. 0 PRM ；

4）旋转 ，将参数编号设定为 Pr.1，显示为 P. 1 ；

5）按 SET 键，读取当前的设定值，显示 120.0Hz（初始值）显示为 120.0 ；

6）旋转 ●，将值设定为 50Hz，显示为 50.00 ；

7）按 SET 键确定，显示为 50.00 P. 1 ，参数设定完成。

注意：

- 旋转 ● 可读取其他参数。

- 按 SET 键可再次显示设定值。

- 按两次 SET 键可显示下一个参数。

- 按两次 MODE 键可返回频率监视画面。

5. 参数清除、全部清除

设定 Pr. CL 参数清除、ALLC 参数全部清除为"1"，可使参数恢复为初始值。（如果设定 Pr. 77 参数写入选择为"1"，则无法清除。）

1）电源接通时，显示的监视器画面为 0.00 Hz ；

2）按 PU/EXT 键，进入 PU 运行模式，显示为 0.00 PU ；

3）按 MODE 键，进入参数设定模式，显示为 P. 0 PRM ；

4）旋转 ●，将参数编号设定为 Pr. CL（ALLC），显示为 Pr.CL ALLC ；

5）按 SET 键，读取当前的设定值，显示设定值为"0"（初始值），显示为 0 ；

6）旋转 ●，将值设定为 1，显示为 1 ；

7）按键 SET 确定，显示为 Pr.CL ALLC 。

6. 如何用变频器对电动机进行热保护

为了防止电动机的温度过高，把 Pr. 9 电子过电流保护设定为电动机的额定电流。根据电动机的额定电流将 Pr. 9 电子过电流保护变更为 3.5A（FR-E740-1.5K-CHT）。

1）电源接通时，显示的监视器画面为 0.00 Hz ；

2）按住 PU/EXT 键，进入 PU 运行模式，则显示 0.00 PU ；

3）按 MODE 键，进入参数设定模式，显示为 P. 0 PRM ；

4）旋转 ●，将参数编号设定为 Pr. 9，显示为 P. 9 ；

5）按 SET 键，读取当前的设定值，FR-E740-1.5K 显示为 4A（初始值），即 4.00 A ；

6）旋转 ●，将值设定为 3.5A，显示为 3.50 A ；

7）按 SET 键确定，显示为 3.50 A P. 9 。

注意：

- 电子过电流保护功能是通过变频器的电源复位以及输入复位信号复位为初始状态。请避免不必要的复位及电源切断。连接多台电动机时，电子过电流的保护功能无效。每个电动机请设置外部热敏继电器。

- 变频器与电动机的容量差大、而设定值变小时，电子过电流的保护作用会降低。这种情况下请使用外部热敏继电器。特殊电动机不能用电子过电流来进行保护，请使用外部热敏继电器。

7. 电动机的额定频率在 60Hz 的情况下（Pr. 3）

首先确认电动机的额定铭牌，如果铭牌上的频率只有 60Hz 时，则 Pr. 3 的基准频率一定要设为 60Hz。

根据电动机的额定频率把 Pr. 3 基准频率变更为 60Hz。

1）电源接通时，显示的监视器画面为 ▭；

2）按 PU/EXT 键，进入 PU 运行模式，显示为 ▭；

3）按 MODE 键，进入参数设定模式，显示为 ▭；

4）旋转 ◉，将参数编号设定为 Pr. 3，显示为 ▭；

5）按 SET 键，读取当前的设定值，显示为 50Hz（初始值），即 ▭；

6）旋转 ◉，将值设定为 60Hz，显示为 ▭；

7）按 SET 键确定，显示为 ▭。

注意：

在先进磁通矢量控制、通用磁通矢量控制时，Pr. 3 无效，Pr. 84 电动机额定频率有效。

8. 提高起动时的转矩（Pr. 0）

施加负载后电动机不运转时，一边观察电动机的动作，一边以 1% 为单位提高 Pr. 0 的设定值（最多提高 10% 左右）。

1）电源接通时，显示的监视器画面为 ▭；

2）按 PU/EXT 键，进入 PU 运行模式，显示为 ▭；

3）按 MODE 键，进入参数设定模式，显示为 ▭；

4）旋转 ◉，将参数编号设定为 Pr. 0，显示为 ▭；

5）按 SET 键，读取当前的设定值，0.75K 以下时，显示为 6.0%（初始值），即 ▭（初始值根据变频器的容量不同而不同。）；

6）旋转 ◉，将值设定为 7.0%，显示为 ▭；

7）按 SET 键确定，显示为 ▭。

注意：

·根据电动机特性、负载、加速时间、接线长度等条件的不同，可能会导致电动机电流过大而引起过电流切断（OL，过电流报警）。

·后转为 E. OC1（加速中过电流切断）或过载切断（E. THM，电动机过载切断）、E. THT（变频器过载切断）。（保护功能动作时，取消起动指令后，以 1% 为单位降低 Pr. 0 的设定值，然后复位。）

9. 设置输出频率的上限、下限（Pr. 1、Pr. 2）

通过电位器等防止最大输入时的频率在 50Hz 以上的运行。（Pr. 1 上限频率变更为 50Hz。）

1）电源接通时，显示的监视器画面为 ▭；

2）按 PU/EXT 键，进入 PU 运行模式，显示为 ▭；

3）按 MODE 键，进入参数设定模式，显示为 ▭；

4）旋转 🔘，将参数编号设定为 Pr. 1，显示为 P. 1；

5）按 SET 键，读取当前的设定值，显示 120Hz（初始值），即 120.0 Hz；

6）旋转 🔘，将值设定为 50Hz，即 50.00 Hz；

7）按 SET 键确定，显示为 50.00 Hz / P. 1。

10. 改变电动机的加速时间与减速时间（Pr. 7、Pr. 8）

通过 Pr. 7 设定加速时间，如果想慢慢加速就把时间设定得长些，如果想快点加速就把时间设定得短些。通过 Pr. 8 设定减速时间，以上同理。

1）电源接通时显示的监视器画面为 0.00 Hz MON/EXT；

2）按 PU/EXT 键，进入 PU 运行模式，显示为 0.00 PU；

3）按 MODE 键，进入参数设定模式，显示为 P. 0 PRM；

4）旋转 🔘，将参数编号设定为 Pr. 7，显示为 P. 7；

5）按 SET 键，读取当前的设定值，显示 5.0s（初始值），即 5.0；

6）旋转 🔘，将值设定为 10.0s，即 10.0；

7）按 SET 键确定，则 10.0 / P. 7。

2.6　变频器的操作运行

三菱变频器常用的操作模式有 PU 操作模式、外部操作模式、组合操作模式、和通信操作模式，各种不同的操作模式规定了控制变频器的起/停方式和频率给定方式。

1. 变频器的 PU 运行模式

（1）以设定频率运行

PU 运行模式接线如图 2-22 所示。

以 30Hz 为例，操作和显示如下：

1）电源接通时显示的监视器画面为 0.00 Hz MON/EXT；

2）按 PU/EXT 键，进入 PU 运行模式，显示为 0.00 PU；

3）旋转 🔘，显示想要设定的频率 30Hz 30.00，闪烁约 5s；

4）在数值闪烁期间按 SET 键设定频率，显示为 30.00 F。若不按 SET 键，数值闪烁约 5s 后显示将变为 0.00Hz。这种情况下则返回"步骤3）"重新设定频率；

5）通过 RUN 键运行，画面显示为 30.00 ；

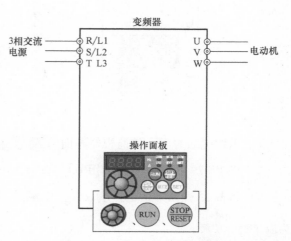

图 2-22　PU 运行模式接线

6）要变更设定频率，请执行第 3）、4）项操作（从之前设定的频率开始）；

7）按 键停止，画面显示为 。

（2）M 旋钮电位器模式运行

M 旋钮电位器模式下，要设置"Pr.161 频率设定/键盘锁定操作选择"为"1"。运行中将频率从 0Hz 变更为 50Hz 的示例如下：

1）电源接通时显示的监视器画面为 ；

2）按 键，进入 PU 运行模式，显示为 ；

3）将 Pr.161 变更为"1"；

4）按 键运行变频器，显示为 ；

5）旋转 ，将值设定为 50Hz。闪烁的数值即为设定频率。没有必要按 键。监视器画面为 。

2. 变频器组合操作模式（外部+PU）

（1）开关模式运行（3 速设定）

通过开关设定频率要注意，起动指令通过 发出；必须设置"Pr.79 运行模式选择"为"4"（外部/PU 组合运行模式）；关于初始值，端子 RH 为 50Hz、RM 为 30Hz、RL 为 10Hz（变更通过 Pr.4、Pr.5、Pr.6 进行）；2 个（或 3 个）端子同时设置为 ON 时，可以以 7 速运行。

PU/开关模式运行接线如图 2-23 所示。

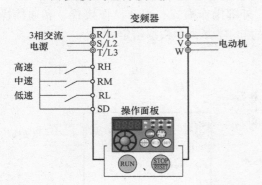
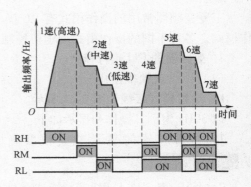

图 2-23 PU/开关模式运行接线

1）电源接通时显示的监视器画面为 ；

2）将 Pr.79 变更为"4"。[PU] 和 [EXT] 指示灯亮，即 ；

3）将起动开关 设置为 ON。无频率指令时，[RUN] 按钮会快速闪烁，显示为 ；

4）将低速信号（RL）设置为 ON。输出频率随 Pr.7 加速时间而上升，变为 10Hz。[RUN] 按钮在正转时亮灯，反转时缓慢闪烁，显示为 ；

5）将低速信号（RL）设置为 OFF。输出频率随 Pr.8 减速时间而下降，变为 0Hz。

［RUN］按钮快速闪烁，显示为 0.00 ；

6）将起动开关 STOP/RESET 设置为 OFF。［RUN］按钮指示灯熄灭，显示为 0.00 。

（2）通过模拟信号进行频率设定（电压输入）

通过模拟信号进行频率设定（电压输入），其起动指令通过 RUN 发出。必须设置 Pr. 79 运行模式选择为"4"（外部/PU 组合运行模式）。

例如，从变频器向频率设定器供给 5V 的电源（端子 10），接线如图 2-24 所示。

1）电源接通时显示的监视器画面为 0.00 ；

2）将 Pr. 79 变更为"4"。［PU］和［EXT］指示灯亮，即 PU EXT ；

3）将起动开关 RUN 设置为 ON。无频率指令时［RUN］按钮会快速闪烁，显示为 0.00 ；

4）将电位器（频率设定器）缓慢向右拧到底。显示屏上的频率数值随 Pr. 7 加速时间而增大，变为 50.00Hz。［RUN］按钮在正转时亮灯，反转时缓慢闪烁，显示为 50.00 ；

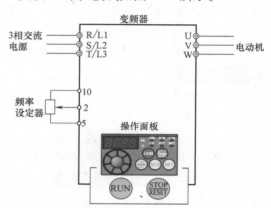

图 2-24　PU/电位器模式运行

5）将电位器（频率设定器）缓慢向左拧到底。显示屏上的频率数值随 Pr. 8 减速时间而减小，变为 0.00Hz，电动机停止运行。［RUN］按钮快速闪烁。显示为 0.00 ；

6）将 STOP/RESET 设置为 OFF。［RUN］按钮指示灯熄灭，即 0.00 。

（3）通过模拟信号进行频率设定（电流输入）

通过模拟信号进行频率设定（电流输入），其起动指令通过 RUN 发出；将 AU 信号设置为 ON；必须设置 Pr. 79 运行模式选择为"4"（外部/PU 组合运行模式），接线如图 2-25 所示。

1）电源接通时显示的监视器画面为 0.00 ；

2）将 Pr. 79 变更为"4"。［PU］和［EXT］指示灯亮，即 PU EXT ；

3）确认端子 4 输入选择信号（AU）为 ON。将起动开关 RUN 设置为 ON。无频率指令时，［RUN］按钮会快速闪烁，显示为 0.00 ；

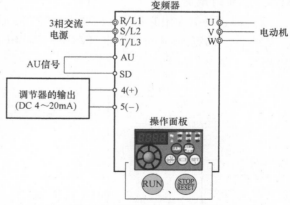

图 2-25　PU/调节器输出运行

4）输入 20mA 电流。显示屏上的频率数值随 Pr. 7 加速时间而增大，变为 50.00Hz。［RUN］按钮在正转时亮灯，反转时缓慢闪烁，即 50.00 ；

5）输入 4mA 电流。显示屏上的频率数值随 Pr. 8 减速时间而减小，变为 0.00Hz，电动机停止运行。[RUN] 按钮快速闪烁，即 `0.00` ；

6）将 STOP/RESET 设置为 OFF。[RUN] 按钮指示灯熄灭，即 `0.00` 。

注意：AU 端子由 Pr.178~Pr.184（输入端子功能选择）中设定 "4"。

3. 变频器外部运行

（1）从端子实施起动、停止

以通过操作面板设定频率（Pr.79=3）为例，介绍操作步骤。要注意的是通过操作面板设定频率，其起动指令是通过将 STF（STR）-SD 设置为 ON 来发出，而且设置为 Pr.79 为 "3"，接线如图 2-26 所示。

1）电源接通时显示的监视器画面为 `0.00` ；

2）将 Pr.79 变更为 "3"。[PU] 和 [EXT] 指示灯亮；

3）将起动开关（STF 或 STR）设置为 ON。[RUN] 指示灯在正转时亮灯，反转时闪烁，即 `50.00` 。电机以在操作面板的频率设定模式中设定的频率运行；

4）旋转 ⊙ 改变运行频率。想要设定的频率将在显示屏上显示。设定值将闪烁约 5s，即 `40.00` 闪烁约5秒；

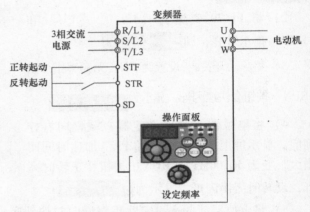

图 2-26 端子实施起动、停止

5）在数值闪烁期间按 SET 键确定频率，显示为 `40.00  F` ；（若不按 SET 键，数值闪烁约 5s 后显示将变为 0.00Hz。这种情况下请返回 "步骤3)" 重新设定频率。）

6）将起动开关（STF 或 STR）设置为 OFF。电动机将随 Pr.8 减速时间减速并停止。[RUN] 指示灯熄灭。

（2）通过开关发出起动指令、频率指令（3 速设定）（Pr.4~Pr.6）

操作例：设定 Pr.4 三速设定（高速）为 40Hz，使端子 RH、STF（STR）-SD 为 ON，进行试运转，如图 2-27 所示。

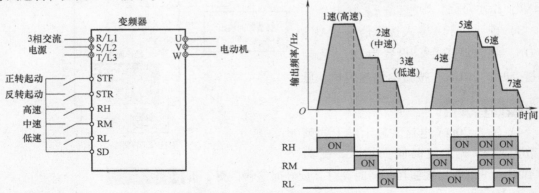

图 2-27 端子实施在三段速运行

1）电源 ON→运行模式确认。在初始设定的状态下开启电源，将变为外部运行模式
［EXT］。确认运行指令是否指示为［EXT］。若不是指示为［EXT］，使用 $\frac{PU}{EXT}$ 键设为外部
［EXT］运行模式，上述操作仍不能切换运行模式时，请通过参数 Pr. 79 设为外部运行模式，
如图 2-28 所示；

图 2-28　电源 ON→运行模式确认

2）将 Pr. 4 变更为 "40"；

3）将高速开关（RH）设置为 ON，如图 2-29 所示；

4）将起动开关（STF 或 STR）设置为 ON，显示 40Hz，如
图 2-30 所示。［RUN］指示灯在正转时亮灯，反转时闪烁。RM
为 ON 时显示 30Hz，RL 为 ON 时显示 10Hz；

5）停止。将起动开关（STF 或 STR）设置为 OFF，电动机
将随 Pr. 8 减速时间停止。［RUN］指示灯熄灭，如图 2-31 所示。

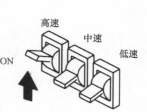

图 2-29　高速开关
（RH）设置为 ON

图 2-30　起动开关（STF 或 STR）设置为 ON

图 2-31　电动机停止

（3）通过模拟信号进行频率设定
（电压输入）

从变频器向频率设定器供给 5V 的电
源（端子 10），如图 2-32 所示。

1）电源 ON→运行模式确认。在初
始设定的状态下将电源设置为 ON，将变
为外部运行模式［EXT］。确认运行指令
是否指示为［EXT］。若不是显示为
［EXT］，使用 $\frac{PU}{EXT}$ 键设为外部［EXT］运
行模式，上述操作仍不能切换运行模式

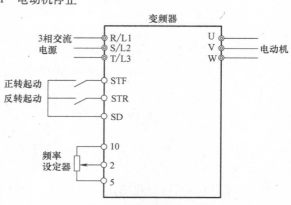

图 2-32　通过模拟信号进行频率设定

时，请通过参数 Pr. 79 设为外部运行模式，如图 2-33 所示；

2）起动。将起动开关（STF 或 STR）设置为 ON。无频率指令时，［RUN］按钮会快速闪烁，如图 2-34 所示；

图 2-33　电源 ON→运行模式确认　　　　　图 2-34　电动机起动

3）加速→恒速。将电位器（频率设定器）缓慢向右拧到底，显示屏上的频率数值随 Pr. 7 加速时间而增大，变为 50.00Hz，如图 2-35 所示。［RUN］按钮在正转时亮灯，反转时缓慢闪烁。

4）减速。将电位器（频率设定器）缓慢向左拧到底，显示屏上的频率数值随 Pr. 8 减速时间而减小，变为 0.00Hz，如图 2-36 所示，电动机停止运行，［RUN］按钮快速闪烁。

图 2-35　电动机加速→恒速　　　　　图 2-36　电动机减速

5）停止。将起动开关（STF 或 STR）设置为 OFF，［RUN］指示灯熄灭，如图 2-37 所示。

（4）通过模拟信号进行频率设定（电流输入）

起动指令通过将 STF（STR）-SD 设置 ON 来发出，将 AU 信号设置为 ON，将 Pr. 79 运行模式选择设置为"2"（外部运行模式），接线如图 2-38 所示。

图 2-37　电动机停止

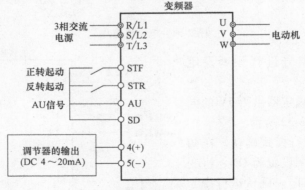

图 2-38　调节器输出运行

1）电源 ON→运行模式确认。在初始设定的状态下将电源设置为 ON，将变为外部运行模式［EXT］。确认运行指令是否指示为［EXT］。若不是显示为［EXT］，使用⊕键设为外

部 ［EXT］ 运行模式，上述操作仍不能切换运行模式时，请通过参数 Pr.79 设为外部运行模式，如图 2-39 所示。

2）起动。将起动开关（STF 或 STR）设置为 ON。无频率指令时，［RUN］ 按钮会快速闪烁，如图 2-40 所示。

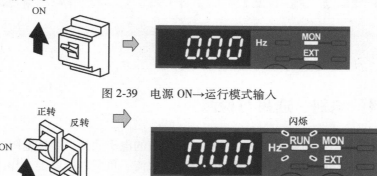

图 2-39　电源 ON→运行模式输入

图 2-40　电动机起动

3）加速→恒速。输入 20mA 电流。显示屏上的频率数值随 Pr.7 加速时间而增大，变为 50.00Hz，如图 2-41 所示。［RUN］ 按钮在正转时亮灯，反转时缓慢闪烁。

图 2-41　电动机加速→恒速

4）减速。输入 4mA 电流。显示屏上的频率数值随 Pr.8 减速时间而减小，变为 0.00Hz，如图 2-42 所示，电动机停止运行，［RUN］ 按钮快速闪烁。

5）停止。将起动开关（STF 或 STR）设置为 OFF，［RUN］ 指示灯熄灭，如图 2-43 所示。

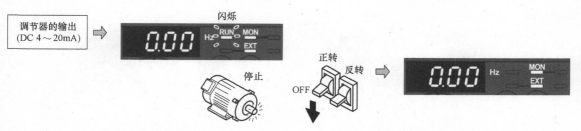

图 2-42　电动机减速

图 2-43　电动机停止

注意：AU 端子由 Pr.178~Pr.184（输入端子功能选择）中设定"4"。其中 STF、STR 输入信号由 Pr.178、Pr.179 确定：若 Pr.178 设为 60，Pr.179 设为 4，则为正转；若 Pr.178 设为 4，Pr.179 设为 61，则为反转。

第3章

常用电子元器件的识别、选用与检测

3.1 电阻器的识别、选用与检测

电阻器是利用电阻性的材料制成、具有一定阻值的电子元件，简称电阻。电阻在电子设备中应用广泛，在电路中起到降压、分压、分流、限流、负载与电容配合作滤波器及阻抗匹配等作用。

1. 电阻器的分类

（1）按结构形式分类

按结构形式分，电阻器可分为固定电阻器、可变电阻器和敏感电阻器等。它们的图形符号和实物如图 3-1 和图 3-2 所示。

a) 固定电阻器   b) 可变电阻器   c) 敏感电阻器

图 3-1   电阻器的符号

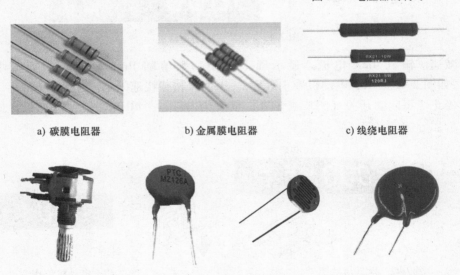

a) 碳膜电阻器   b) 金属膜电阻器   c) 线绕电阻器

d) 可变电阻器   e) 热敏电阻器   f) 光敏电阻器   g) 压敏电阻器

图 3-2   电阻器实物图

1）固定电阻器。固定电阻器的电阻值固定不变，在电路中常用字母"R"来表示。固定电阻器种类较多，碳膜电阻器、金属膜电阻器、线绕电阻器等都是固定电阻器。

碳膜电阻器是通过在真空中将碳氢化合物高温蒸发分解沉淀成碳晶导电膜而成，具有阻值稳定性好、阻值范围宽、高频特性好、噪声低、价格便宜等特点，被广泛应用在收音机、电视及其他电子产品中。

金属膜电阻器是在陶瓷骨架表面沉淀一层金属膜或合金膜而成的，表面涂有红色或棕色保护漆。相对碳膜电阻器来说，金属膜电阻器的精度更高、稳定性更好、阻值范围更宽、耐热性好且体积小。它的高频特性好、噪声低，但其制造成本高价格较贵，适应于高档的家用电器和测试仪表中。

线绕电阻器是用高阻值的金属丝烧制在陶瓷骨架上，外层涂以保护漆或玻璃釉膜而成。具有高精度、高稳定性、大功率、噪声低、耐热性好等特点，适应于精密和大功率场合。

2）可变电阻器。从广义上来讲，所有电阻可以调节的电阻器都可以称为可变电阻器。可变电阻器通常应用到调节电路电流、需要改变阻值的场合。

可变电阻器的体积比一般电阻的体积大，在线路板中可方便地找到它。可变电阻器有三根引脚，一根是动片引脚，另外两根是静片引脚，通过调节动片的位置达到调整阻值的目的。

按照结构形式，可变电阻器分为立式可变电阻器和卧式可变电阻器。立式可变电阻器的三根引脚垂直向下，垂直安装在线路板上；而卧式可变电阻器的三根引脚与电阻平面成90°，垂直向下，平卧安装在线路板上。

按照制作材料，可变电阻器分为线绕式和膜式。线绕式可变电阻器，阻值调节精度高、温度系数小、噪声低，但由于有线圈结构，电感大、高频特性差，适用于低频电路的电压或电流调整。膜式可变电阻器有全密封式、半密封式和非密封式三种结构。

电位器是可变电阻器的一种，它在电路中的作用是获得与输入电压成一定关系的输出电压，因此称之为电位器。电位器可调范围大，有可调操作手柄，体积较大，主要用于电路（电压或电流）控制，一般安装于面板上。

3）敏感电阻器。敏感电阻器主要包括热敏电阻器、压敏电阻器和光敏电阻器，其阻值可随着温度、压力、光照强弱的变化而变化。

热敏电阻器的阻值对温度非常敏感，一般由半导体材料制成，主要应用在温度测量、火灾报警、气象探空等领域。

压敏电阻器是一种对电压敏感的过电压保护半导体元件，主要用于过电压保护和稳压电路中。

光敏电阻器是根据半导体光效应原理制成的元件，一般用于各种光电自动控制系统。

（2）按制作材料分类

按制作材料分碳膜电阻器、金属膜电阻器、金属氧化膜电阻器和线绕电阻器等。

（3）按用途分类

按用途分为通用型电阻器、高阻电阻器、高频电阻器、高压电阻器、大功率电阻器、热敏电阻器、熔断电阻器等。

2. 电阻器的参数

参数是用来表征元器件的性能好坏和使用范围的，它是选择元器件重要的依据之一。

电阻器的参数有额定功率、标称阻值、允许误差、最高工作温度、最高工作电压、温度系数等，通常情况下，在选用电阻器时只考虑额定功率、标称阻值和允许误差这3项主要参数，其他参数只在有特殊场合才考虑。

（1）额定功率

电阻器是耗能元件，通电时会发热，温度过高则会损坏电阻器。电阻器的额定功率是指在规定的温度环境下，允许长期连续运行而不损坏或基本不改变其性能的情况下，电阻器上允许消耗的最大功率。电阻器在使用时不可超过它的额定功率，否则会烧坏电阻从而引起故障。

一般选电阻器时，为了保证电阻器工作可靠，其额定功率要有 1~2 倍余量。常用电阻器额定功率系列见表 3-1。

表 3-1　常用电阻器额定功率系列

种类	电阻器额定功率系列/W																	
线绕	0.05	0.125	0.25	0.5	1	2	4	8	10	16	25	40	50	75	100	150	250	500
非线绕	0.05	0.125	0.25	0.5	1	2	5	10	25	50	100							

额定功率分 19 个等级，常用电阻器的额定功率有 1/8 W、1/4 W、1/2 W、1 W、2 W 等。电阻器的额定功率表示法如图 3-3 所示。

| 1/8 W | 1/4 W | 1/2 W | 1 W |

图 3-3　电阻器的额定功率表示法

（2）标称阻值和允许误差

电阻器表面标出的阻值称为标称阻值，简称标称值。由于工艺等原因，标称值和实际值之间存在一定的偏差，这个偏差和标称值比值的百分数称为允许误差，表示产品的精度。标称值和允许误差等级见表 3-2。

表 3-2　电阻器标称值系列

系列	允许偏差	电阻标称值系列
E24	±5%	1.0,1.1,1.2,1.3,1.5,1.6, 1.8, 2.0, 2.2, 2.4, 2.7, 3.0, 3.3, 3.9, 4.3, 4.7, 5.1, 5.6, 6.2, 6.8, 7.5, 8.2, 9.1
E12	±10%	1.0,1.2,1.5,1.8, 2.0, 2.2, 2.7, 3.3, 3.9, 4.7, 5.6, 6.8, 8.2
E6	±20%	1.0,1.5, 2.2, 3.3, 4.7, 6.8

任何固定电阻器的阻值应符合表 3-2 中所列数值乘以 10^n，其中 n 为整数。例如，表中 3.9 包括 0.39Ω、3.9Ω、39Ω、390Ω、3.9kΩ、39kΩ、390kΩ、3.9MΩ 等阻值。

3. 电阻器的标注方法

电阻器的标注方法主要有直标法、文字符号法、色标法和数码法。

（1）直标法

直标法是用阿拉伯数字和单位符号在电阻器表面直接标出电阻的标称值、允许偏差等主要参数的方法。如果电阻上未标注偏差，则均为±20%。该方法简单明了、读数快捷，适用于大功率、大体积的电阻器，如图 3-4 所示。

（2）文字符号法

文字符号法是将标称值、允许误差等参数用文字、数字符号有规律地结合

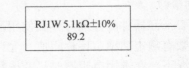

RJ1W 5.1kΩ±10%
89.2

RJ:材料类型
1W:额定功率
5.1kΩ:标称阻值
±10%:允许误差
89.2：生产日期

图 3-4　直标法示意图

起来标志在电阻器上的方法。如图 3-5 所示，符号前面的数字表示阻值的整数，符号后面表示阻值的小数，如 5R6 表示 5.6Ω，5K6 表示 5.6kΩ。表示阻值的文字符号除了 Ω、K（10^3）外，还有 M（10^6）、G（10^9）、T（10^{12}）。

图 3-5 文字符号法示意图

用英文字母表示允许误差，如 J、K、M 表示电阻的允许误差分别为 ±5%、±10%、±20%。如电阻 5K6J 表示允许误差为 ±5% 的 5.6kΩ 电阻。

（3）色标法

小功率电阻器常用的是色标法，色标法是用不同颜色的色环来表示电阻的标称值和允许误差的方法。色标法有四环标注法和五环标注法两种：普通电阻器通常用四环标注法，第一、第二环表示有效数字，第三环表示倍率，第四环表示精度；精密电阻器通常用五环标注法，第一、第二、第三环表示有效数字，第四环表示倍率，第五环表示精度。色环颜色所代表的含义见表 3-3。色标法的单位为欧姆。

表 3-3 色环颜色代表的含义

	棕	红	橙	黄	绿	蓝	紫	灰	白	黑	金	银
有效数字	1	2	3	4	5	6	7	8	9	0	—	—
倍率	10^1	10^2	10^3	10^4	10^5	10^6	10^7	10^8	10^9	10^0	10^{-1}	10^{-2}
允许误差	±1%	±2%			±0.5%	±0.25%	±0.1%				±5%	±10%

例如，电阻的 4 个色环颜色依次是绿蓝橙金，则表示 56(1±5%)kΩ 的电阻；电阻的 5 个色环颜色依次是黄橙黑红棕，则表示 43(1±1%)kΩ 的电阻。

（4）数码法

贴片电阻一般用数码法表示，数码法是在电阻上用三位数字表示标称阻值的方法，单位为欧姆，允许误差一般用文字符号表示。

在三位数字中，前两位表示有效数字，第三位表示有效数字后所加"0"的个数。例如标示 473 的电阻阻值为 47000Ω，即 47kΩ。

4. 电阻器的选用与检测

（1）电阻器的选用原则

1）优先选用通用型电阻器。通用型电阻器种类多，如碳膜电阻器、金属膜电阻器、金属氧化膜电阻器、线绕电阻器等。通用型电阻器种类多、规格齐全、生产量大、阻值范围宽、便于采购和维修。

2）正确选择电阻器的阻值和误差。所用电阻器的标称阻值与所需电阻器的阻值差越小越好，误差尽量小。

3）所用电阻器的额定功率应大于其实际承受功率的两倍。

4）根据安装位置选用电阻器。在元器件比较紧凑的电路中，可选体积相对较小的金属膜电阻，而不选择与其功率相同但体积较大的碳膜电阻；在元器件安装位置比较宽松的场合，则可选择体积较大但功率相同的碳膜电阻器，体现经济性原则。

5）根据电路特点选用电阻器。例如，高频电路要选高频电阻，如金属膜电阻、金属氧化膜电阻；低频电路要选线绕电阻或碳膜电阻；功放电路、偏置电路、取样电路对稳定性要求较高，因而要选用温度系数小的电阻器；在退耦电路、滤波电路中，阻值变化对电路影响不大，因而任何类电阻器都适用。

（2）电阻器的检测

普通电阻器的测量可选用万用表的电阻档，如图 3-6 所示。万用表测量电阻的步骤如下：

1）首先将万用表的转换开关转到"Ω"范围内适当量程。

2）将两表笔短接，指针应在"Ω"刻度线的零点位置，若不在零点，则旋转调零按钮使指针指零。

3）两表笔分别接被测电阻的两端，指针所指即为电阻值。测量时注意手不能触碰表笔金属部位，以保证人身安全和测量的准确性。

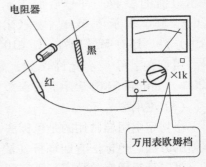

图 3-6　万用表测电阻

3.2　电容器的识别、选用与检测

电容器（简称电容）是由两个金属极板和极板间的绝缘电介质组成的储能元件，通常用文字符号 C 来表示。在两极板加上电压时，电极上就能储存电荷。电容器储存电荷的能力叫作电容量，简称容量。容量在数值上等于一个极板上的电荷量与两极板间的电压之比。容量的基本单位是法（拉），用符号 F 表示。

由于两极板间有一层绝缘的电介质，因此两个极板相互绝缘，这就决定了固定电容器隔直流、通交流的特点，该特点使得电容器在极间耦合、滤波、旁路、信号调谐（选择电台）等电路中起着重要作用。

直流电的极性和大小不随时间的变化而变化，所以不能通过电容器，而交流电的极性和电压是不断变化的，能使电容器不断地进行充、放电。

1. 电容器的分类

（1）按结构分类

电容器在电路中图形符号如图 3-7 所示。

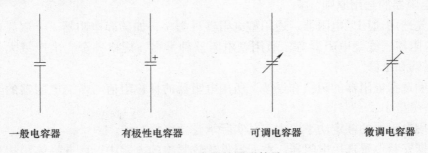

　一般电容器　　　　有极性电容器　　　　可调电容器　　　　微调电容器

图 3-7　电容器的图形符号

按照结构可分为固定电容器、可调电容器和微调电容器。

1）固定电容器。固定电容器的种类很多，包括纸介质电容器、有机薄膜电容器、瓷介质电容器、云母电容器、电解电容器等，具体如下：

① 纸介质电容器。纸介质电容器由纸作为介质、铝箔作为电极，经卷绕成圆柱形封装

而成，具有容量大、体积小、温度系数大、热稳定性差、漏电流和介质损耗大的特点，适用于低频电路。

② 有机薄膜电容器。有机薄膜电容器以有机薄膜（如聚苯乙烯、聚四氟乙烯等）作为介质，以铝箔为电极或直接在有机薄膜上蒸镀一层金属膜为电极，经卷绕后封装而成。特点是体积小、电容值稳定、绝缘电阻大、漏电流小、耐压较高。

③ 瓷介质电容器。瓷介质电容器以陶瓷为介质，在瓷片表面烧结渗透上银层作为电极，按结构的不同有圆片形、管形、筒形、叠片形等。特点是体积小、温度系数小、绝缘性能好，适合高频电路的调谐电容和温度补偿电容。其缺点是机械强度低，受力后易碎。

④ 云母电容器。云母电容器是以金属箔或在云母片上喷涂银层为电极，电极和云母一层层叠合后，用金属模压铸在胶木粉中制成。其特点是性能稳定、漏电流小、绝缘性好、温度系数低，宜用于高频电路。云母电容广泛应用在稳定性和可靠性较高的场合，如无线电接发设备、精密电子仪器等。

⑤ 电解电容器。电解电容器按照正极材料的不同分为铝电解电容器、钽电解电容器、铌电解电容器，它们的负极分别是液体、半液体和胶状的电解液。铝电解电容器应用较广，结构简单、容量大，但由于氧化铝膜的介电常数小，因而有漏电大、耐压低的缺点，主要应用在电源滤波电路和低频电路。钽电解电容器应用也较为普遍，具有性能稳定、温度特性好、绝缘电阻大、漏电流小、寿命长等优点，多应用于脉冲锯齿波电路和要求较高的电路。

电解电容在使用时要注意正极接高电位、负极接低电位，不可颠倒；弯折其正负端引脚时，弯折处距引脚根部最好为3mm；焊接时要迅速，不可烫坏封口使电解液外漏。

2）可调电容器。可调电容器按结构分为单连、双连、三连、四连等，按介质分为空气介质和薄膜介质两类。和固定电容器的不同是，可调电容器的容量可以变化。一般空气单连可调电容器多用于直放式收音机的调谐，空气双连可调电容器用于超外差式收音机的调谐。

3）微调电容器。微调电容器在电路中的作用是补偿和校正。它们容量的可调范围一般是几十微法（$1F = 10^6 \mu F = 10^9 nF = 10^{12} pF$）。

电容器实物如图3-8所示。

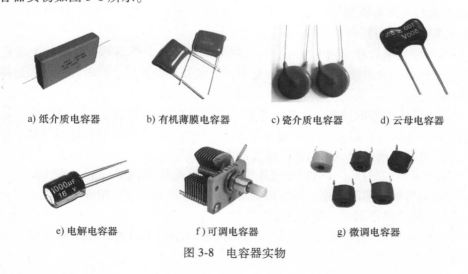

a) 纸介质电容器　　b) 有机薄膜电容器　　c) 瓷介质电容器　　d) 云母电容器

e) 电解电容器　　f) 可调电容器　　g) 微调电容器

图3-8 电容器实物

（2）按介质材料分类

按照介质材料可分为气体介质电容器（如空气电容器）、液体介质电容器（如油浸电容器）、固体介质电容器（如纸介质电容器、有机薄膜电容器、涤纶电容器、云母电容器、陶瓷电容器）和电解介质电容器（如铝电解电容器、钽电解电容器、铌电解电容器）。

（3）按极性分类

按极性可分为有极性电容器和无极性电容器。

2. 电容器的参数

（1）额定电压

额定电压是指电容器在规定的温度内，可保证长期工作而不损坏电容器的最大直流电压（又叫耐压）。为避免电容器的损坏，在工作时注意实际工作电压不可超过额定电压。

（2）标称容量和允许误差

在电容外壳标出的电容量的数值为标称容量。标称容量和实际容量之间存在一定的偏差，该偏差与标称容量比值的百分数称为电容器的允许误差。常用电容的允许误差有 $\pm0.5\%$、$\pm1\%$、$\pm2\%$、$\pm5\%$、$\pm10\%$、$\pm20\%$。

3. 电容器的标注方法

（1）直标法

直标法是将电容器的标称容量、允许误差、额定电压等参数直接在产品表面标出的方法。

（2）文字符号法

将容量的整数部分放在容量单位标志符号的前面，小数部分则放在后面。如 p36 表示电容的容量为 0.36pF；3p6 表示电容的容量为 3.6pF。

（3）色标法

电容的色标法和电阻的色标法基本相同，单位为 pF。

（4）数码法

和电阻的数码法基本相同，单位为 pF。如 102，表示 $10\times10^2=1000pF$。有一个特殊情况，当第三位数字是 9 时，是用有效数字乘以 10^{-1} 来表示容量。

4. 电容器的选用与检测

（1）电容器的选用原则

1）根据电路要求合理选用电容器。一般用于低频耦合、旁路等电气特性要求低的场合选择纸介质电容器；在高频电路中选择云母电容器和瓷介电容器；在电源滤波和退耦电路中一般选用电解电容器。

2）合理选择电容器的精度。旁路、去耦电路对电容精度要求不高，可选用容量相近或稍大的电容器；在振荡回路、延时回路、音调控制回路中，所选电容容量尽可能和计算值保持一致；在滤波器和网络中，应选择高精度的电容。

3）确定电容器的耐压。一般额定电压应高于实际电压的两倍以上，使其留有足够的余量。对于电解电容器，实际工作电压应该保持为额定电压的 50%～70%。

4）优先选用绝缘电阻大、损耗小的电容器。

5）注意使用环境。在高温环境下可选用温度系数小的电容器，在寒冷环境下可选用耐寒的电解电容。

（2）电容器的检测

电容的检测可用万用表的欧姆档。一般档位的选取原则是：容量大，档位小；容量小，档位大。当电容量大于 $47\mu F$ 时，选取 R×100 或 R×10 档；如果在 $1\sim47\mu F$，选取 R×1k 档。电容量如果很小，则要选取 R×10k 档。

用万用表对电解电容器测试的步骤如下：

将万用表选择合适的欧姆档位，将两表笔分别接电容器的两根引线，黑表笔接电容正极，红表笔接电容负极，否则漏电加大。若指针朝顺时针方向（R 为零的方向）摆动大，又慢慢反向返回，返回位置接近∞，说明电容器正常且容量大，且当表针静止时所指的阻值是该电容器的漏电电阻；若指针朝着顺时针方向摆动大，但返回后指针显示的阻值小，说明电容器漏电大；若指针摆动大，但不返回，说明电容已击穿；若指针不摆动，说明该电容已开路失效。检测方法如图 3-9 所示。

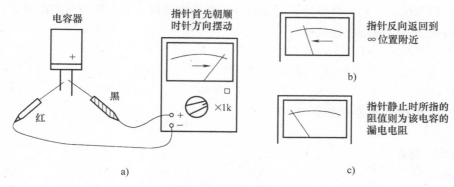

图 3-9　电容器的检测

电解电容正负极性的判断方法：将万用表选择合适的欧姆档位，用红、黑表笔接两根引线，记下漏电阻的大小，将红、黑表笔对调后再次测量漏电阻。两次漏电阻对比，漏电阻大的一次，黑表笔相接的引线为电容器的正极。

3.3　电感器的识别、选用与检测

电感器，又称电感线圈，是利用电磁感应原理制成的元件。它是一种由漆包线（或纱包线、镀银裸铜线）绕制而成的储存磁场能量的电子元件，电路中通常用字母 L 来表示。电感器具有通直流、隔交流、通低频、阻高频的特性，常用在电子设备的滤波、扼流、振荡、延时等电路。

1. 电感器的分类

（1）按电感的形式分类

电感的种类很多，按电感的形式可分为固定电感器、可变电感器和微调电感器。

固定电感器是将不同直径的铜线绕在铁心上，再用环氧树脂或塑料封装起来。这种电感器具有体积小、重量轻、体积牢固可靠、安装方便的特点，在电视、收音机中应用广泛。

可变电感器的电感量可变，方法是在线圈中插入磁心或铜心，改变磁心或铜心的位置，从而改变电感量。可变电感器与可变电容器组成调谐器，用以改变谐振回路的谐振频率。

微调电感器可小范围地改变电感量，用以满足整机调试的需要。收音机中的中频调谐回路和振荡回路多采用这种线圈。

（2）按导磁体性质分类

按照导磁体性质可分为空心线圈、铁氧体线圈、铁心线圈和铜心线圈。

空心线圈是用绝缘导线一圈一圈地绕制在纸筒上、塑料或胶木骨架上而制成的，也可以无骨架绕制。

对于铁氧体线圈，在线圈中插入铁氧体或铁心，以提高线圈的电感量和品质因数。

（3）按工作性质分类

按照工作性质分为天线线圈、振荡线圈、扼流线圈、陷波线圈和偏转线圈。

扼流线圈，又叫阻流线圈，有高频和低频之分。高频扼流线圈阻止高频信号通过，但对低频信号阻碍作用小，它的电感量只有几微亨。低频扼流圈一般由铁心和绕组组成，和电容器组成滤波电路，电感量可达几亨。

（4）按结构特点分类

按结构特点分为单层线圈、多层线圈、蜂房线圈。

电感的图形符号及外形如图 3-10 和图 3-11 所示。

图 3-10　电感线圈的图形符号

2. 电感器的参数

（1）电感量

电感量也称自感系数，是表示电感器产生自感能力的一种物理量，用字母 L 表示。电感量的大小与线圈匝数、尺寸、绕制方式、磁心材料等有关。电感量的基本单位为亨（利），用符号 H 表示。

（2）品质因数

品质因数也称 Q 值，是评价电感质量的重要参数。Q 值越大，则线圈损耗越小；反之，损耗越大。品质因数 Q 在数值上等于在某一频率的交流电压下，线圈所呈现的感抗与线圈的直流电阻之比，即

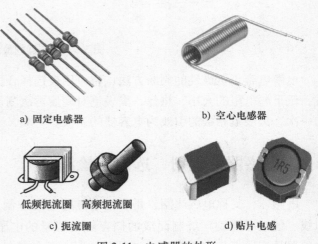

图 3-11　电感器的外形

$$Q=\frac{2\pi fL}{R}=\frac{\omega L}{R}$$

式中，L 是电感量；ω 是工作角频率；R 是线圈的直流电阻。

（3）分布电容

电感线圈的匝与匝之间或层与层之间存在电容，这一电容叫分布电容。分布电容的存在会影响线圈的性能，降低 Q 值，为此可用蜂房式绕法、间绕法来绕制线圈。

（4）额定电流

电感的额定电流指的是电感器长期工作所允许通过的最大电流。在工作中，电感器中的实际电流一定要小于额定电流，以免电感线圈被烧毁。额定电流有 50mA、150mA、300mA、700mA、1600mA 五档，分别用字母 A、B、C、D、E 表示。

3. 电感器的标注方法

（1）直标法

将标称电感量直接在电感的外壳上用数字标出，并用字母表示额定电流、允许误差等参数。

（2）文字符号法

小功率电感器通常用文字符号法来表示电感量及允许误差。其单位通常为微亨或纳亨，用 R 或 N 表示小数点。例如，5R6 代表电感量为 5.6μH，5N6 代表电感量为 5.6nH。

（3）色标法

电感器的色标法和电阻的色标法基本相同，单位为 μH。

（4）数码法

和电阻的数码法基本相同，单位为 μH。数码法常见于贴片电感器。

4. 电感器的选用与检测

（1）电感器的选用原则

在选用电感器时，首先要明确其使用频率范围：铁心线圈用于低频，铁氧体线圈、空心线圈用于高频。其次要弄清线圈的电感量和电压。

（2）电感器的检测

首先从外观上检查电感是否存在松散、发霉、引脚被折断等现象，进而可用万用表的欧姆档对电感器进行检测。具体方法是：将万用表打到 R×1 或 R×10 档位，两表笔接电感的引脚，此时指针向右摆动，可根据测出的阻值判断电感的好坏。

1）若阻值为零，说明有短路性故障。

2）若阻值无穷大，说明电感器断路、损坏。

3）电感器的阻值很小，一般为零点几欧到几欧，只要能测出电阻值，电感的外形和外表颜色又无变化，可认为电感是正常的。

4）对于有屏蔽罩的电感器，若屏蔽罩与单个引脚间的阻值不是无穷大，而是有一定阻值或为零，则说明该电感内部短路。

另外，电感线圈是磁感应元件，安装的时候要注意和其他元件的位置，以免相互影响。一般相互靠近的两个电感的位置应相互垂直；可调线圈宜安装在方便调节的地方。

3.4　二极管的识别、选用与检测

1. 二极管的结构和特性

晶体管二极管，又称半导体二极管，简称二极管。二极管是一种常用的半导体器件，它是由一个 P 型半导体和一个 N 型半导体形成的 PN 结，并在 PN 结两端引出相应的电极引线，再由管壳密封而成。二极管常用于稳压、整流、检波等电路。

二极管在电路中通常用 VD 表示，其结构与电路符号如图 3-12 所示。

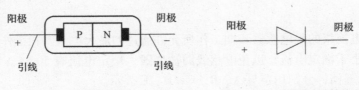

a) 二极管的结构   b) 二极管的电路符号

图 3-12 普通二极管的结构及电路符号

二极管最重要的特性是单向导电性。常用伏安特性曲线来描述二极管的单向导电性。以电压为横坐标，电流为纵坐标，将电压和电流的对应值用平滑的曲线连接起来，则构成二极管的伏安特性曲线，如图 3-13 所示。

二极管两端加正向电压时，导通电阻很小，二极管呈导通状态；加反向电压时，导通电阻极大或无穷大。二极管反向电压加到一定数值时，反向电流急剧增大，这种现象称为反向击穿。

2. 二极管的分类

二极管的种类很多，按照材料可分为锗二极管和硅二极管；按照用途可分为整流二极管、稳压二极管、检波二极管、开关二极管、肖特基二极管、发光二极管等；按照管芯结构可分为点接触型二极管、面接触型二极管和平面型二极管。

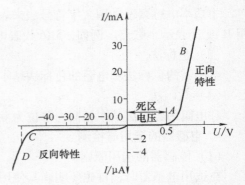

图 3-13 二极管伏安特性曲线

下面介绍几种常用的二极管。

（1）整流二极管

整流二极管主要用于整流电路，利用二极管的单向导电性把交流电变成直流电。它是一种面接触型二极管，PN 结面积大，因此结电容大，工作频率低。

（2）稳压二极管

稳压二极管，简称稳压管，是利用 PN 结的反向击穿特性制成的器件。将稳压管反向连接到电路中，可使得所接电路两端的电压稳定在规定的电压范围内。

（3）检波二极管

检波二极管的主要作用是利用二极管的单向导电性把高频信号中的低频信号检出来。检波二极管一般用锗材料制成，是一种点接触型二极管，PN 结面积小、结电容小，能工作在较高频率下。它在半导体收音机、电视机及通信设备等小信号电路中广泛应用。

（4）发光二极管

发光二极管（Light Emitting Diode，LED），是一种把电能转化为光能的半导体器件。发光二极管和普通二极管相同，有一个 PN 结，具有单向导电性。当其工作在正向偏置状态，有一定电流流过时就会发光。

实物二极管如图 3-14 所示。

3. 二极管的参数

（1）最大正向电流 I_F

最大正向电流是二极管长期工作时允许通过的最大正向平均电流。该数值与 PN 结的面积、材料和散热情况有关。工作时不允许超过这个数值，否则二极管管芯温度过高将烧坏二极管。

a) 整流二极管

b) 稳压二极管

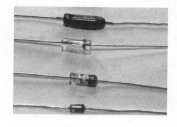

c) 检波二极管

d) 发光二极管

图 3-14　实物二极管

（2）最大反向工作电压 U_R

这是二极管正常工作时能承受的最大反向电压，当反向电压超过该值，二极管可能被击穿。它一般为击穿电压的一半。

（3）反向电流 I_R

反向电流一般指二极管未击穿时的反向电流值，这个参数是在规定的反向电压和温度环境下测得的。这个数值的大小反映了二极管的单向导电性，数值越小则单向导电性越好。

（4）最高工作频率 f_M

这个参数是二极管正常工作下的频率的最大值。二极管的频率不能超过该值，否则二极管将不能起到应有的作用。这个值与 PN 结电容的大小有关，PN 结电容越大，则二极管允许的最高工作频率越低。

4. 二极管的选用与检测

（1）二极管的选用原则

一般二极管的选用，首先要确保二极管在工作时不能超过极限参数，如最大正向电流、最大反向工作电压、最高工作频率等，要留有一定的余量。其次，要根据实际应用场合选择适合的二极管，如当需要导通电流小、工作频率高时，选用点接触型二极管，反之选用面接触型二极管。

（2）二极管的检测

1）二极管好坏的测试。对于二极管好坏的测试，可用万用表的欧姆档测量其正向电阻和反向电阻。根据不同种类的二极管，选择不同的欧姆档。对于小功率二极管一般选 R×100 或 R×1k 档，中、大功率二极管一般选 R×1 或 R×10 档，档位选择不合适可能会烧坏、击穿器件。具体步骤如下：

首先选择欧姆档合适的档位，然后用黑表笔接二极管的正极、红表笔接二极管的负极测的是正向电阻；红黑表笔对调，则测的是二极管的反向电阻。

若正向电阻较小，而反向电阻无穷大，则二极管是好的；若正向电阻和反向电阻均无穷大，说明二极管内部断路；若正向电阻和反向电阻均接近 0，说明二极管内部短路；若正向电阻和反向电阻相差不大，说明二极管失效，不宜使用。图 3-15 为二极管的检测，图中二极管为正常。

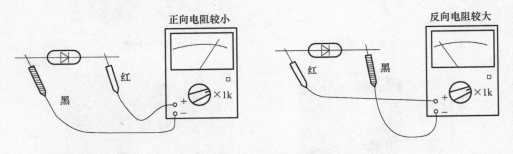

图 3-15　二极管的检测

2）二极管极性的判断。如果不清楚二极管的极性，则可用万用表的欧姆档来判断。首先选择合适的欧姆档，两表笔任意接二极管的两引脚，记录下阻值；将两表笔对调再次测量阻值；对比两次测量的结果，阻值小的那次，黑表笔接的是二极管的正极。

3.5　晶体管的识别、选用与检测

1. 晶体管的结构和特性

晶体管是一种常用的半导体器件，它有两个 PN 结，构成三个区：发射区、基区和集电区，每个区各自引出一个电极，分别是发射极 E、基极 B 和集电极 C。晶体管主要应用于各类放大、开关、振幅、恒流、有源滤波等电路中。

晶体管在电路中通常用 VT 表示，其结构与电路符号如图 3-16 所示。

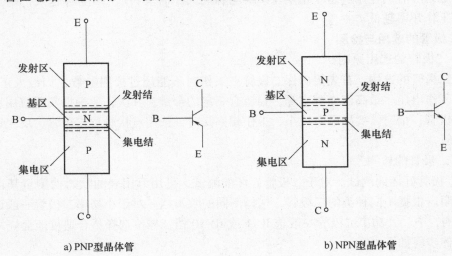

a）PNP型晶体管　　　　　　　　b）NPN型晶体管

图 3-16　晶体管的结构、图形符号

晶体管的电压和电流特性曲线可以直观地反映其性能，图 3-17 是晶体管的输入和输出特性曲线。

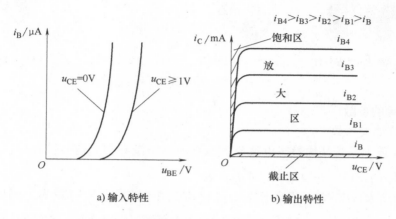

a) 输入特性　　　　b) 输出特性

图 3-17　晶体管输入、输出特性曲线

图 3-17a 描述了在集电极和发射极电压 u_{CE} 一定时，输入的基极电流 i_B 和基极-发射极电压 u_{BE} 之间的关系，由图可知，晶体管的输入特性与二极管的正向特性相似。图 3-17b 是输入回路的 i_B 为某一常数时，输出的 i_C 和 u_{CE} 之间的关系曲线，由图可知，三个工作区域，分别是放大区、饱和区和截止区。在放大区内 i_C 受 i_B 的影响较大，发射结正偏，集电结反偏；在饱和区内，发射结和集电结均正偏，i_C 受 i_B 的影响不大；在截止区内，发射结和集电结均反偏，i_B、i_C 的值几乎为零，三个极之间相当于断开状态。

2. 晶体管的分类

晶体管的种类很多，按半导体材料可分为锗管和硅管；按照 PN 结的组合方式分为 PNP 型晶体管和 NPN 型晶体管；按照封装方式可分为塑料封装、金属封装；按照功率分为大功率、中功率、小功率；按照工作频率分为高频管、低频管；按照功能和用途可分为开关管、放大管、功率管等。电子设备中常用的是小功率的硅管和锗管。

下面介绍一些晶体管的特点。

（1）功率晶体管

通常将最大集电极电流 I_{CM} 小于 1A 或者最大集电极耗散功率 P_{CM} 小于 1W 的晶体管统称为中小功率晶体管，主要特点是功率小、工作电流小。I_{CM} 大于 1A、P_{CM} 大于 1W 为大功率晶体管，主要特点是耐压高、工作电流大。

（2）开关晶体管

开关晶体管工作于饱和区和截止区，相当于电路的导通和切断。在开关过程中需要一定的响应时间，其长短反映了开关管性能的好坏。

（3）光电晶体管

光电晶体管可等效为光电二极管和普通晶体管的组合元件，它具有放大、光电转换的功能。光电晶体管主要应用于开关控制电路和逻辑电路。

晶体管实物如图 3-18 所示。

a) 低频大功率晶体管

b) 功率晶体管

c) 光电晶体管

d) 贴片晶体管

图 3-18　晶体管的外形

3. 晶体管的参数

（1）电流放大系数

直流电流放大系数又称静态电流放大系数，是指没有交流信号输入时，集电极电流 I_C 和基极电流 I_B 的比值，一般用 h_{FE} 或者 $\bar{\beta}$ 表示。

交流电流放大系数又称动态电流放大系数，是指在交流状态下，集电极电流变化量 ΔI_C 和基极电流变化量 ΔI_B 的比值，一般用 β 表示。β 和 $\bar{\beta}$ 在低频时比较接近，在高频时有些差异。

（2）极间反向电流

极间反向电流表征了晶体管的稳定性，包括集电极-基极反向电流 I_{CBO} 和集电极-发射极反向电流 I_{CEO}。

I_{CBO} 是指发射极开路时，集电极和基极间的反向电流。I_{CBO} 对温度敏感，该值越小，晶体管温度特性越好。

I_{CEO} 是指基极开路时，集电极和发射极间的反向漏电电流，即穿透电流，该值越小，晶体管性能越好。

（3）极限参数

集电极最大电流 I_{CM} 指的是集电极所允许通过的最大电流，当晶体管的集电极电流 I_C 超过 I_{CM} 时，晶体管的性能将会受到影响，甚至会被烧毁。

集电极最大允许耗散功率 P_{CM} 是指集电结上允许损耗功率的最大值，晶体管在工作时，其实际功耗不允许超过此值，否则会降低其性能或烧坏。

最大反向电压是指晶体管所允许施加的最高工作电压。U_{CBO}、U_{CEO}、U_{EBO} 分别指的是当发射极开路时、基极开路时、集电极开路时，另外两极之间的最大允许反向电压。

4. 晶体管的选用与检测

（1）晶体管的选用原则

晶体管的选用要考虑不同的参数，如电流放大系数、集电极最大允许耗散功率、最大反向电压等。

1）晶体管的电流放大系数 β 一般在 10~200 之间，不可选择太低或太高。若 β 太低，则放大作用差；若 β 太高，虽放大作用大，但性能往往不稳定。

2）选晶体管的集电极最大允许耗散功率时，一般是电路输出功率的 2~4 倍即可，选的太小可能会烧坏晶体管，选的太大会造成一定的浪费。

3）最大反向电压 U_{CEO} 应大于实际使用时加在集电极和发射极之间的电压。

（2）晶体管的检测

1）判断晶体管的好坏：

通过极间电阻的测量可以判断晶体管的好坏。测量极间电阻时要选择合适的欧姆档位。

对于小功率晶体管一般选 R×100 或 R×1k 档，选择其他档易造成晶体管的损坏；大功率晶体管一般选 R×1 或 R×10 档，选择其他档易发生误判。

对于质量好的小功率晶体管，基极和发射极、基极和集电极的正向电阻一般为几百到几千欧姆，其余的极间电阻都很高，一般为几百千欧。若测得的正向电阻很大，说明晶体管内部断路；若测得反向电阻很小或为零，说明晶体管短路或击穿。

2）判定基极：

晶体管的基极可以用三个电极中每两个电极的正、反向电阻值来判定。首先根据晶体管的功率选择合适的欧姆档位，用黑表笔接某一电极，红表笔先后接另外两个电极，直到出现测得的两个电阻值都很大或者都很小，那么黑表笔所接电极就是晶体管的基极。

若测得的两个电阻值都很大，那么可以判断晶体管是 PNP 型；若测得的两个电阻值都很小，那么晶体管是 NPN 型，如图 3-19 所示。

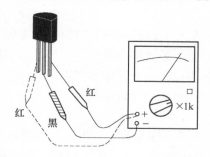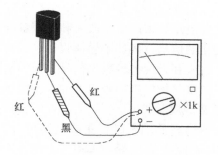

黑表笔接某一极，红表笔分别接另外两极，分别测得两个阻值都很小，则黑表笔所接为基极，且晶体管为 NPN 型。

黑表笔接某一极，红表笔分别接另外两极，分别测得两个阻值都很大，则黑表笔所接为基极，且晶体管为 PNP 型。

图 3-19 判别晶体管的基极

3）判定集电极和发射极：

判定集电极和发射极有多种方法，以下方法可粗略地进行判断。

若待测管为 PNP 型锗管，先将万用表选择合适的欧姆档位，红、黑表笔分别接除了基极外的另外两极，得到一个阻值；然后将红、黑表笔对调测一次，又得到一个阻值；比较两阻值，在阻值较小的那次测试中，黑表笔所接为发射极，红表笔所接为集电极。

若待测管为 NPN 型锗管，采用上述方法，在阻值较小的那次测试中，黑表笔所接为集电极，红表笔所接为发射极。对于 NPN 型硅管，可在基极与黑表笔之间接一个 100kΩ 的电阻，采用上述方法，在阻值较小的那次测试中，黑表笔所接为集电极，红表笔所接为发射极。

3.6 集成电路

集成电路（IC），又叫作芯片，是继电子管、晶体管后发展起来的又一类电子器件。它利用半导体工艺或薄、厚膜工艺，将二极管、晶体管、电阻、电容等元器件按照安装要求，共同制作在一块半导体或基片上，然后封装在管壳内，构成一个完整的具有一定功能的电子电路。集成电路广泛应用于计算机、通信系统、电子仪器仪表、自动化控制设备等，也广泛应用于日常生活中常见的电视机、收录机、电子表、计算器等。

1. 集成电路分类

（1）按制作工艺分类

集成电路按照制作工艺可分为半导体集成电路和膜集成电路。

半导体集成电路应用广泛，种类繁多，它是采用平面工艺在半导体晶片上制成的电路。根据采用晶体的不同，可分为双极型集成电路和单极型集成电路。双极型集成电路制作工艺复杂，功耗大，代表的集成电路有 TTL、ECL、HTL、LST-TL、STTL。单极性集成电路工艺简单，功耗低，代表的集成电路有 CMOS、MMOS、PMOS 等。

膜集成电路分为薄膜集成电路和厚膜集成电路。膜集成电路工艺繁琐，应用成本高，因而其应用范围不及半导体集成电路。

（2）按功能结构分类

集成电路按照功能、结构可分为数字集成电路、模拟集成电路、模/数混合集成电路三大类。

模拟集成电路用来产生、放大和处理各种模拟信号，模拟信号是指幅度、方向、相位随时间连续变化的信号，例如半导体收音机的音频信号、录放机的磁带信号等。数字集成电路用来产生、放大和处理各种数字信号，数字信号是指在时间和幅度上离散取值的信号。在电子技术中，通常又把模拟信号以外的非连续变化的信号统称为数字信号。

（3）按集成度分类

按照集成度高低的不同，集成电路可分为小规模集成电路（SSIC）、中规模集成电路（MSIC）、大规模集成电路（LSIC）、超大规模集成电路（VLSIC）、特大规模集成电路（ULSIC）、巨大规模集成电路（GSIC）。

2. 集成电路的封装和引脚识别

（1）引脚识别

集成电路内部结构不同，用途不同，它们的形状和引脚也不同，常见集成电路引脚的排列方式如图 3-20 所示。引脚排列的顺序有一定的规律，一般是将集成电路印有型号的一面朝上，从标志点逆时针或顺时针方向读数，依次为 1、2、3、…。

（2）集成电路的封装形式

集成电路的封装形式多种多样，按封装材料可分为金属、陶瓷、塑料封装。引出线形式有双列和单列两种，其中双列引出线又有直线和弯脚引线两种，以弯脚的为多，成为双列直插式。另外还有单列直插式封装、扁平式封装、小外形封装、圆形金属壳封装。

图 3-20a 是圆形金属壳封装的集成电路，它和金属壳封装的半导体晶体管差不多，只不过体积大、电极引脚多。这种集成电路引脚排列方式为：从识别标记开始，沿顺时针方向依次为 1、2、3、…。

单列直插式型集成电路的识别标记，有的用倒角，有的用凹坑，如图 3-20b 和图 3-20c 所示。这类集成电路引脚的排列方式也是从标记开始，从左向右依次为 1、2、3、…。

图 3-20d 是扁平式封装的集成电路，多为双列型，一般将小金属片、封装表面上的色标或凹口作为标记。其引脚一般的排列方式是：从标记开始，沿逆时针方向依次为 1、2、3、…。

双列直插式集成电路的识别标记多为半圆形凹口，有的用金属封装标记或凹坑标记。这类集成电路引脚排列方式也是从标记开始，沿逆时针方向依次为 1、2、3、…，如图 3-20e

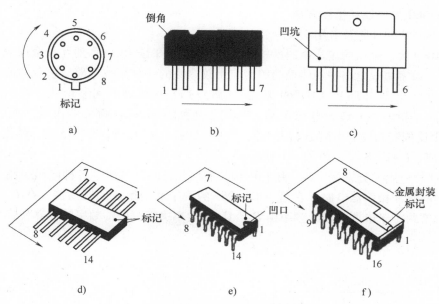

图 3-20　集成电路的引脚识别

和图 3-20f 所示。

3. 集成电路的检测常识

1）检查和维修集成电路前首先要熟悉所用集成电路的功能、内部电路、主要电气参数、各引脚的作用以及引脚的正常电压、波形与外围元件组成的工作原理。

2）电压测量或用示波器探头测试波形时，表笔或探头的滑动易造成集成电路引脚间短路，为避免该情况，最好在与引脚直接连通的外围印制电路上进行测量。任何瞬间的短路都易造成集成电路的损坏，特别在测试扁平型封装的 CMOS 集成电路时更要加倍地小心。

3）无隔离变压器的情况下，严禁用外壳已接地的测试设备直接接触底板带电的电视、音响等设备。

4）不允许带电使用烙铁焊接，要确认烙铁不带电，最好把烙铁外壳接地，对 MOS 电路更应小心，能采用 6~8V 低压电烙铁会更安全。

5）焊接要确实焊牢，焊锡的堆积、气孔容易造成虚焊。焊接时间一般不超过 3 秒，烙铁的功率应用内热式 25W 左右。已焊接好的集成电路要仔细查看，最好用欧姆表测量各引脚间有否短路，确认无焊锡粘连现象，再接通电源。

6）不要轻易地判定集成电路已经损坏。因为集成电路绝大多数为直接耦合，一旦某一电路不正常，可能会导致多处电压变化，而这些变化不一定是集成电路损坏引起；另外，在有些情况下测得各引脚电压与正常值相符或接近时，也不一定都能说明集成电路是好的，因为有些软故障不会引起直流电压的变化。

7）功率集成电路应散热良好，不可在不带散热器而处于大功率的状态下工作。

8）如需要加接外围元器件代替集成内部已损坏部分，应选用小型元器件，且接线要合理以免造成不必要的寄生耦合，尤其要处理好音频功放集成电路和前置放大电路之间的接地端。

4. CD4069 的性能和检测方法

（1）CD4069 的性能及应用

以 CD4069 为例来说明集成电路的检测方法。CD4069 是 4×××系列互补金属氧化物半导体（CMOS）数字集成电路中功能最简单但应用较广泛的一种集成电路。它包含有六个相互独立的反相器（也称非门）。CD4069 采用 14 脚双列直插式塑料封装形式，各引脚排列如图 3-21 所示，其中，14 脚为电源正端，7 脚为电源负端。CD4069 工作电压范围为 +3 ~ +18V。每个反相器的输入引脚分别为 1 脚、3 脚、5 脚、9 脚、11 脚、13 脚，输出引脚分别为 2 脚、4 脚、6 脚、8 脚、10 脚、12 脚。

CD4069 的应用十分方便灵活，用它可构成振荡、延时、放大等各种电路。图 3-22 所示为一个实用的脉冲振荡器电路，它是由 CD4069 的两个非门组成的振荡器，在 U_o 端输出方波脉冲，幅度约等于电源电压，频率由 R_2、C_1 的大小决定，振荡频率的计算公式为

$$f = \frac{1}{2.2R_2C_1} \tag{3-1}$$

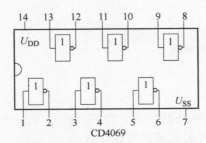

图 3-21　CD4069 的引脚排列

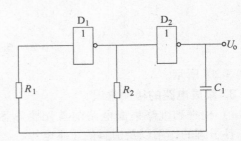

图 3-22　脉冲振荡器电路

图 3-23 所示为由一个非门组成的延时开关电路。静态时，C_1 充电完毕，非门输入端为高电平，输出端为低电平，发光二极管 VL 熄灭。按动按钮 SB，电容器快速放电，非门因输入变低而输出高电平，发光二极管 VL 点亮，此时即使松开 SB，由于电容器的充电作用，非门输出端仍维持高电平，只有当电容器 C_1 上的电压超过非门的阈值电压（通常为 $U_{DD}/2$）时，非门的输出才变低。这段延时的时间也就是电容器 C_1 的充电时间，它由电阻器、电容器 C_1 的数值来决定。延时时间 $T \approx 0.7RC$。按图 3-23 中所标元件的数值计算，延时时间约为 7s。

图 3-24 所示为由一个非门组成的交流电压放大器，略去了输入、输出耦合电容器。虽然非门是数字电路，但在它的高、低电平转换曲线的阈值点附近有一段线性区域，所以可以利用非门组成线性放大电路。图 3-24 中的 R_i 是偏置电阻器，将非门的工作点偏置在阈值附近，R_f 为输入电阻器。这样的放大器可多级串联，以获得足够大的放大量。但要注意，串联的级数应是奇数，以避免自激。

（2）CD4069 的检测方法

对 CD4069 性能好坏的检查，通常可采用下述两种方法进行判别。

1）输出高、低电平测试法。测试电路如图 3-25 所示。测试时，将 B 端接到待测门的输出端，然后分别用 A、C 端去触碰被测门的输入端。当 A 端接到被测门的输入端时，由于被测门的输入端为高电平，因此，经反相后其输出端应为低电平，即这时万用表的读数为零；当用 C 端去触碰输入端时，由于输入端为低电平，因此，经反相后输出应为高电平，即万

用表的读数为4V左右。如符合上述规律则说明被测门是良好的。用此法将CD4069的几个门——进行测试。这种检测方法对于其他类型的逻辑门也同样适用。但需要注意的是，在检测其他类型的逻辑门时要根据不同逻辑门的特性适当改变一下方法，例如测与门时，应先用A端分别触碰两个（或两个以上）输入端，两次在输出端都应测得为高电压，只有用C端同时接触两个（或两个以上）输入端时，输出端电压才接近0。

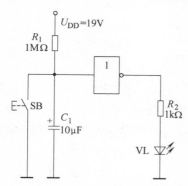

图3-23　由一个非门组成的延时开关

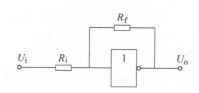

图3-24　由非门组成的交流电压放大器

2）搭成振荡电路测试法。按照图3-26所示的电路，搭起一个振荡器来判断CD4069好坏的方法既简单又可靠。非门1、2组成脉冲振荡器，振荡频率为几赫兹，经非门3~6后驱动发光二极管VL闪烁发光，若6个非门中有一个或几个是坏的，则发光二极管就不会闪烁发光，而是一直灭或一直亮。

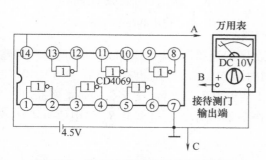

图3-25　CD4069输出电平的测试电路

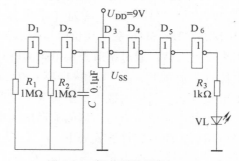

图3-26　振荡器检测CD4069

5. 三端集成稳压器

集成稳压器作为稳压电源广泛应用于仪器仪表和电子线路中，它的种类有很多，包括多端可调式、三端可调式、三端固定式、单片开关式等，其中应用较多的是三端集成稳压器。

三端集成稳压器是目前应用较为广泛的模拟集成电路之一，它具有体积小、重量轻、使用方便、可靠性高等优点。主要有两大类，一种输出电压是固定的，称为三端固定输出稳压器；另一种输出电压是可调的，称为三端可调输出稳压器。三端集成稳压器的外形如图3-27所示。

（1）三端固定输出集成稳压器

常用的三端固定输出集成稳压器有CW78系列（正电压输出）、CW79系列（负电压输出），每个系列均有9种输出电压：5V，6V，8V，9V，10V，12V，15V，18V，24V。输出

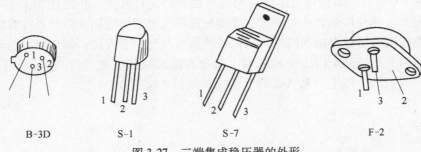

B-3D S-1 S-7 F-2

图 3-27 三端集成稳压器的外形

电压是由其型号的后两位数字表示的，如 CW7805、CW78L09、CW7912 分别表示输出电压为+5V、+9、-12V 的三端固定输出集成稳压器。输出电流是以 78（或 79）后面的字母来区分的，L 表示 0.1A，M 表示 0.5A，无字母表示 1.5A，如 CW78L05、CW78M12 分别表示输出电流为 0.1A 和 0.5A。

固定式三端集成稳压器的典型应用电路如图 3-28 所示。U_i 为来自整流滤波电路的电压，U_o 为稳压器输出电压，U_i 和 U_o 之差不得小于 2V，一般在 5V 左右，太大会造成器件本身功耗增大而损坏器件。C_1 和 C_2 为输入、输出电容，用于改善纹波，C_2 还可以改善稳压电路的瞬态响应。

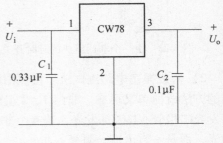

图 3-28 固定式三端集成稳压器典型应用电路

（2）三端可调输出集成稳压器

CW117/217/317/M/L 系列（正电压输出）和 CW137/237/337/M/L 系列（负电压输出）是可调式输出集成稳压器，通过调节外接电阻能够在很大范围内连续调节输出电压。以上两系列的输出电压可分别在 1.2～37V 和-1.2～-37V 的范围内调节。输出电流也有 1.5A、0.5A、0.1A 三个电流等级，型号的数字 1 字头为 I 类产品，2 字头为 II 类产品，3 字头为 III 类产品。

三端可调输出集成稳压器的典型应用电路如图 3-29 所示，通过调节 R_p 的阻值可以调节输出电压的大小，其计算式如下

$$U_o = 1.25(1+R_p/R_i)$$

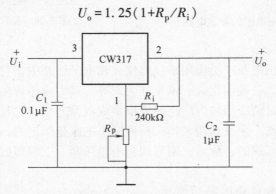

图 3-29 三端可调输出集成稳压器典型应用电路

第4章

电子产品装配工艺

4.1 工艺文件

1. 工艺文件的作用

按照一定的条件选择最合理的工艺过程，实现工艺过程应遵守的技术规程，用文字和图表的形式表示出来，即工艺文件。工艺文件是工作设计的指导性文件，用来组织生产、指导技术、规定生产过程等。其作用如下：

1）组织生产，建立生产秩序。

2）指导技术，保证产品质量。

3）编制生产计划，考核工时定额。

4）调整劳动组织。

5）安排物资供应。

6）管理工具、工装、模具。

7）经济核算的依据。

8）巩固工艺纪律的依据。

9）产品转厂生产时的交换资料。

10）各厂之间进行经验交流。

2. 工艺文件的编制方法和要求

工艺文件的编制应在保证产品质量和稳定生产的条件下，按照以下方法进行：

1）仔细分析设计文件，弄清文件中各图的安装关系和焊接要求，必要时对照定型样机。

2）根据实际情况确定生产方案，明确工艺流程和工艺路线。

3）须考虑准备工序，凡不适合在流水线上装配的元器件，应在准备工序上装配。

4）对于总装的流水线工序，须确定每个工序的工时和工序个数，要充分考虑各个工序的平衡性。另外，仪表设备、技术条件、检测方法等要在工艺文件上反映出来。

工艺文件的要求如下：

1）工艺文件的格式、幅面应符合有关规定，并选择最经济、最合理的工艺方案。

2）工艺文件中所涉及的名词、术语、代号等应符合现行国标或有关法令规定。

3）文件内容力求完整准确，表达简洁清晰，用词规范严谨。

4）工艺附图或工艺简图要按照比例绘制，并注出完成工艺过程所需数据和技术要求，如尺寸、极限偏差等。

5）对于易损和用于调整的零件要有一定备件，且在产品的存放和传递过程中，要注明须遵循的相关安全措施及使用设备。

6）编制关键文件、关键工序、重要零部件的工艺规程时，要指出连接内容、装连方法及注意事项。

3. 工艺文件格式填写方法

工艺文件是组织生产、指导操作、保证产品质量的重要文件，因此制作时内容要详细、清楚。工艺文件一般包括以下内容：

1）工艺文件封面：工艺文件封面在工艺文件装订成册时使用。封面上的内容有产品型号、名称、图号，工艺文件的主要内容、册数、页数，批准日期等。

2）工艺文件目录：工艺文件的目录反映了产品工艺文件的成套性，在工艺文件目录中，可以查阅零部件、整件的图号、名称及页数等内容。

3）工艺路线表：工艺路线表简明地列出了产品零件、部件、组件由毛坯准备到成品包装过程，在工厂内顺序经过的部门及部门所承担的工序，并列出产品零件、部件、组件的装入关系。工艺文件的作用是生产计划部门作为车间分工和安排生产计划的依据，并据此建立台账，进行生产调度；在编制工艺文件时作为分工的依据。

4）元器件工艺表：元器件工艺表用来说明对新购的元器件预处理加工，目的是提高插装的装配效率和适应流水线生产的需要。

5）导线加工工艺表：导线加工工艺包括开线、剥头、焊接、压接、扎线等。导线加工工艺表列出了为整件产品或分机内部的电路连接所应准备的不同导线和扎线等线缆用品，表中内容有导线剥头尺寸、焊接去向等。

6）配套明细表：配套明细表列出了部件、整件在装配时所需的各种材料及材料的规格、数量、种类、型号等内容，是各有关部门在配套准备时领料、发料的依据。

7）装配工艺过程卡：装配工艺过程卡（又称工艺作业指导卡）是用来说明整件的机械性装配和电气连接的装配工艺全过程，包括装配准备、装连、调试、检验、包装入库等。

8）工艺说明及简图：工艺说明及简图用来表达其他格式文件难以表达清楚、重要且复杂的工艺。也可以用于某一具体零件、部件、整件。

4.2 组装基础

电子设备的组装是将各种电子元器件、机电元器件及构件，按照设计要求装接在规定的位置上，组成具有一定功能的完整的电子产品的过程。

1. 电子设备的组装内容

电子设备的组装内容包括单元电路的划分，元器件的布局，各种元件、部件、结构件的安装，整机联装等。

2. 电子设备的组装级别

（1）第1级（元件级）

元件级是最低的组装级别，特点是结构不可分割，主要是指通用电路元器件、分立元器件、集成电路等。

（2）第2级（插件级）

插件级是用来组装和互连第1级元器件，例如，装有元器件的印制电路板及插件板等。

（3）第3级（插箱板级）

插箱板级用于组装和互连第2级组装的插件或印制电路板部件。

（4）第4级（箱柜级）

第4级是更高级别的组装，主要通过电缆和连接器互连第2、3级组装，并构成独立的、有一定功能的仪器或设备。

3. 电子设备的组装方法

在电子设备组装的过程中，有不同的方法供选用。其组装方法按照组装原理分为功能法、组件法、功能组件法。

（1）功能法

功能法是将电子设备的一部分放在一个完整的结构部件内，去完成某种功能的方法，主要应用在采用电子真空器件的设备上，也适用于以分立元件为主的产品或终端功能部件上。

（2）组件法

组件法是制造出一些在外形尺寸和安装尺寸上都统一的部件的方法，该方法不能兼顾功能完整性。广泛应用在统一电气安装工作中，可大大提高组装密度。

（3）功能组件法

功能组件法兼顾以上两种方法的特点，是制造出既保证功能完整性又有规范化结构尺寸的组件的方法。

4.3 印制电路板的组装

印制电路板组装是根据工艺设计文件和工艺规程的要求将电子元器件按照一定的方向和次序插装或贴装到印制电路板规定的位置上，并用紧固件或锡焊的方法将其固定的过程。

印制电路板的组装是电子产品整机装配的基础和关键，它直接影响电子产品整机的质量。

1. 元器件加工（成形）

（1）引线成形的方法

引线成形就是根据焊点之间的距离，将引线做出需要的形状。目的是使引线能迅速、准确地插入孔内。

引线成形的方法有采用模具的手工成形和专用设备成形，这两种方法可保证引线成形的质量和一致性。一般来说，专用设备成形的效率、成本较高。

采用模具（见图4-1）的手工成形的一般步骤包括引线拉直、去氧化膜、搪锡、检测元件、放入模具等。

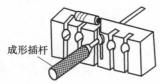

图 4-1 成形模具

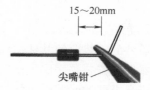

图 4-2 手工成形示意图

在没有专用设备或者不能采用模具时，可采用尖嘴钳或镊子等工具进行纯手工加工（见图 4-2）。

（2）引线成形的要求

引线弯曲处，距离元器件根部距离应不小于 1.5mm；尺寸要准确，形状符合要求；元器件标称值处于便于查看的位置；成形时不能损坏元器件，不可刮伤表面镀层；成形后不允许有机械损伤。

2. 元器件安装

（1）元器件安装方法

元器件的安装方法有手工安装和机械安装。手工安装操作简单，但效率低、误装率高；机械安装效率高、误装率低，但成本高。元器件安装一般有贴板安装、悬空安装、垂直安装、埋头安装、有高度限制时的安装、支架固定安装等几种安装形式，如图 4-3 所示。

① 贴板安装：元器件紧贴印制板面且安装间隙小于 1mm。

② 悬空安装：元器件与印制板面有一定高度且安装距离一般为 3~8mm，适用于发热元件的安装。

③ 垂直安装：元器件垂直于印制板面，适用于高密度场合。

④ 埋头安装：元器件壳体埋于印制板的嵌入孔内，可提高元器件防震能力、降低高度。

⑤ 有高度限制时的安装：由于元器件安装高度有限制，通常的做法是将元器件垂直插入后，再水平方向弯曲。

⑥ 支架固定安装：用金属支架将元器件固定在印制板上，适用于质量较大的元器件，如变压器、扼流圈等。

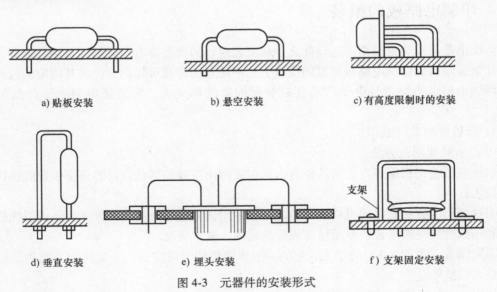

a) 贴板安装　　　　　　　　b) 悬空安装　　　　　　　c) 有高度限制时的安装

d) 垂直安装　　　　　　e) 埋头安装　　　　　　f) 支架固定安装

图 4-3　元器件的安装形式

（2）元器件安装要求

① 元器件的安装应使其标记和色码朝上，以便于辨认。

② 元器件的安装顺序应先低后高、先小后大、先轻后重，先一般元器件后特殊元器件。

③ 对于有极性的元器件，如二极管、电解电容，在安装前应套上带颜色的套管以区别

正负极。

④ 印制板上元器件的间距不能小于 1mm，引线间的间隔要大于 2mm，必要时要套绝缘套管。

⑤ 元器件引线直径与焊盘孔直径应有 0.2~0.4mm 的合理间隙。

⑥ 元器件在印制板上应均匀分布、疏密一致、排列整齐美观。

3. 印制电路板组装方式

（1）手工装配

手工装配适用于产品的样机试验阶段或小批量试生产的情况，操作者将散装的元器件逐个地插装到印制电路板上，一般操作的顺序是：待装元件→引线→成形→插件→调整位置→剪切引线→固定位置→焊接→检验。手工焊接速度慢，效率低，易出错，不能满足大批量生产的需要。

流水线装配焊接速度快、效率高，不易出错，适用于大批量生产的产品。流水线装配方式是将印制电路板的装配分解为若干道简单的操作项目，每个操作者在规定时间内完成指定操作项目的过程。其一般的装配工艺流程是：每排元件插入→全部元件插入→一次性切割引线→一次性锡焊→检验。引线的切割一般用割头机一次性切割，锡焊用波峰焊机完成。

（2）自动装配

自动装配一般选用自动或半自动插件机和自动定位机等设备完成装配，适用于设计稳定、产量大、装配工作量大、元器件无需选配的产品。其装配过程和手工装配基本相同。自动装配过程中，印制板的传递、插装、检测等工序均由计算机按程序进行控制，其工艺流程如图 4-4 所示。

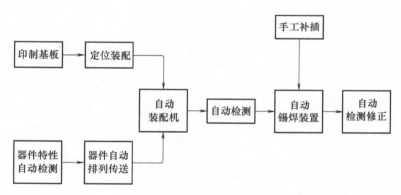

图 4-4　自动装配工艺流程

4.4　整机组装

1. 整机组装的过程

整机组装是在各部件和组件安装检验合格的基础上进行整机装联，也称整机总装。具体地说，就是将各零件、部件、整件按照设计要求，安装在整机不同的位置上，在结构上组合成一个整体，再用导线、插拔件等将各零件、部件、整件进行电气连接，形成一个具有一定功能的整机。

电子产品的整机在结构上通常由组装好的印制电路板、接插件、底板和机箱外壳等构成。

因设备的种类、规模不同，因而整机组装的工序也有所不同，但其基本过程是没有变化的。其过程大致可分为准备、装联、调试、检验、包装、入库或出厂等几个阶段，一般整机装配工艺过程如图 4-5 所示。

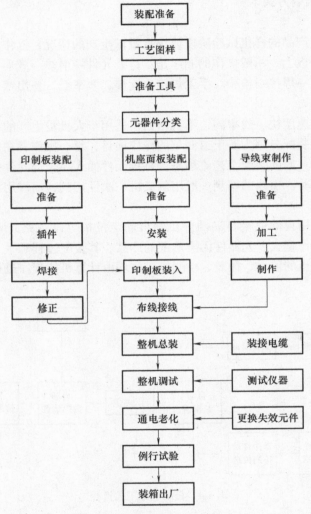

图 4-5 整机装配工艺过程

2. 整机连接方式

整机装配过程中，需要将元器件、零部件等按照设计要求连接在规定的位置上。其连接方式是多种多样的，除了手工焊接和机器焊接外，还有压接、绕接、胶接、螺纹连接等。

（1）压接

压接是使用专用压接钳，将导线放入压接触脚或端头焊片中，施加足够的压力从而获得可靠的连接方法。压接触脚和焊片是专门用来连接导线的器件，规格有很多，相应地有很多专用压接钳供选择。

压接的特点：工艺简单，操作方便；连接点的接触面积大，使用寿命长；适应各种环境场合，维修方便；成本低，无污染，无公害；缺点是压接点的接触电阻较大，因操作者施力不同，造成质量不稳定。

（2）绕接

绕接是利用绕线器（又叫绕线枪）将一定长度的单股芯线高速地绕到带棱角的接线柱上的电气连接方法。

绕线时，绕线器的转速很高，使得导线在接线柱的棱角上产生一定的压力和摩擦，破坏了两个金属接触面的氧化层，金属间温度的升高使两金属间紧密结合，形成了连接的合金层。

绕接技术的特点：可靠性高、操作简单，易于熟练掌握；接触电阻小，仅有 $1m\Omega$；抗震能力强于锡焊，约比锡焊大 40 倍；无虚焊及焊接腐蚀的问题；缺点是单股线剥头比较长，需要专用设备。

（3）胶接

胶接是用胶粘剂将零部件粘在一起的连接方法。胶接是不可拆卸连接，即拆散时会损坏零部件或材料的连接。

胶接的优点：工艺简单，不需要专用设备，生产效率高、成本低。

胶接广泛应用在小型元器件的固定和不便于螺纹连接、铆接的零件装配，以及防止螺纹松动和有气密性要求的场合。

（4）螺纹连接

螺纹连接是可拆卸连接，即拆散时不会损坏任何零部件或材料的连接。一般是用紧固件（螺钉、螺栓、螺母等）将各种零部件、连接件连接起来。

螺纹连接的优点是连接可靠，拆卸、调节方便。缺点是在振动或冲击严重的情况下，螺纹容易松动；用力集中，在安装薄板或易损件时容易产生形变或压裂。

3. 整机总装

由于整机总装的质量和各组成配件的质量相关，因而在总装之前须按照技术要求对所有的装配件、紧固件等进行配套和检查，并对合格件进行清洁处理，保证表面无灰尘、油污、金属屑等。

（1）总装的一般顺序

由于总装配有很多道工序，工序的顺序直接影响到装配质量，因而总装配一般遵循以下顺序要求：先轻后重、先铆后装、先里后外、上道工序不得影响下道工序。

（2）总装的基本要求

整机装配前，对各个组成装配件进行检验，未经检验合格的装配件不得安装，检验合格的装配件必须保持清洁。

要认真阅读安装工艺文件和设计文件，严格遵守工艺规程，总装完成后的总机要符合图纸和工艺文件的要求。

严格遵循总装的一般顺序要求，注意前后工序的衔接。

总装过程中，不得损伤元器件和零部件，避免碰伤机壳、元器件的表面涂覆层，不得损伤整机的绝缘性。

熟悉安装要求，熟悉掌握安装技术，保证产品的安装质量，严格执行三检（自检、互检、专职调试检查）原则。

（3）总装的流水线作业法

流水线作业法，也叫流水线生产方式，该方式适用于电子产品的大批量生产。流水线作业法的过程是将一台电子整机的装联、调试等工作划分成若干简单操作项目，每一个装配者完成指定的操作项目，并按照规定将机件传给下一道工序的操作者。

流水作业法具有工作内容简单、动作单纯、记忆方便的特点，因此能减少差错，提高产品质量。先进的全自动流水线使得生产效率和产品质量进一步得到提高，例如印制电路板的插焊流水线。

4.5　整机质量检测

整机总装完成后，要按照以下方面进行整机质量检测，检测过程中要严格执行自检、互检、专职调试检查原则。

1. 外观检查

从外观上检查的主要内容有：总体结构是否可靠，机箱外壳是否牢固；整机表面有无损伤，涂层有无划痕、脱落现象，金属结构有无开裂、脱焊、变形、锈斑等现象，导线有无损伤，元器件安装是否牢固且符合产品设计文件的规定；整机的活动部分是否灵活；控制开关是否操作到位、正确等。

2. 电路检查

电路检查，又叫装联正确性检查，其目的是检查各装配件（印制板、电气连接线）是否安装正确，是否符合电路原理图和接线图的要求，导电性能是否良好等。通常用万用表的 $R \times 100\Omega$ 档对各检查点进行检查。

3. 安全性检查

安全性检查包括绝缘电阻和绝缘强度两个方面。整机的绝缘电阻一般用兆欧表进行测量；电子设备的耐压能力一般要求达到最高工作电压的两倍以上。

4. 出厂试验

在产品完成装配、调试后，要进行出厂试验，即在出厂前按照国家标准进行逐台试验。出厂试验一般是检查一些最重要的性能指标，能较迅速地完成且对产品无破坏性。除了上述外观检查、安全性检查外，还有电气性能指标测试、抗干扰测试等。

5. 型式试验

型式试验对产品的考核包括产品的性能指标，对环境条件的适应度，工作的稳定性等。试验的项目有高低温、高湿度循环使用和存放试验、振动试验、运输试验、跌落试验等。由于这些试验对产品有一定的破坏性，因此必要时要进行抽样试验。

第 5 章

手工焊接工艺

焊接对于工业来说有着非常重要的作用。在电子产品制造中，焊接工艺是直接影响电子产品的质量、可靠性、寿命、生产效率等的关键因素。

焊接技术发展至今已有多种自动焊接技术，其效率和质量都是手工焊接所无法比拟的。但是这些技术只能在特定的、大批量生产的情况下使用。在一般情况下，还是离不开手工焊接，比如产品的研制、维修、小批量的生产、自动化生产中特殊元器件的手工分装以及整机的组装等，都是依靠手工焊接来完成。现代电子已朝着小型化、微型化发展，手工焊接难度也随之增加，在焊接当中稍有不慎就会损伤元器件或引起焊接不良。另外，掌握手工焊接技术还是一个必要的学习过程，由手工焊接理解焊接的概念，了解焊接机理，掌握焊接过程的要领之后，再去驾驭其他各种自动化焊接设备就会得心应手。

5.1 焊接基本知识

1. 焊接概念

焊接，又叫熔接，是一种用加热、高温或高压的方式结合金属或其他热塑性材料的制造工艺及技术。电子产品中的焊接是将导线、元器件引脚与印制电路板连接在一起的过程，要满足机械连接和电气连接两个目的，其中机械连接起固定的作用，而电气连接起电气导通的作用。

（1）焊接分类

金属焊接按照工艺特点分为钎焊、熔焊和接触焊三大类。

1）钎焊。钎焊是指用经加热熔化的焊料将加热的金属固体连接在一起的焊接方法。焊料熔点低于被焊金属熔点，焊料熔点以 450℃ 为界，钎焊分为软钎焊和硬钎焊。

电子产品安装工艺中的焊接属于钎焊的一种，使用的焊料是焊锡，一般是铅锡合金，熔点较低，为 183℃。电子焊接按照焊接方法分为手工焊接和自动焊接，自动焊接又分为波峰焊和浸焊两种。

2）熔焊。熔焊是指直接对被焊金属加热，使其熔化而焊接在一起的技术。常用的有气焊、电弧焊、等离子焊、激光焊和超声波焊等，它们在制作电子电路中较少使用。

3）接触焊。接触焊是一种不用焊料和焊剂，即可获得可靠连接的焊接技术。常见的接触焊有压接、绕接、穿刺等。

（2）焊接机理

锡焊就是让熔化的焊锡相互渗透到两个被焊物体（焊件）的金属表面原子之间（图 5-1 是焊锡与一种金属的界面），冷却凝固后使之结合（图 5-2 是金属界面形成的结合层）。

焊接的实质就是焊锡通过润湿、扩散和冶金结合这三个物理、化学过程来完成的，具体如下：

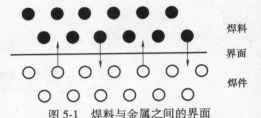

图 5-1 焊料与金属之间的界面

1）润湿。润湿过程是指已经熔化的焊锡借助毛细管力沿着母材金属表面细微的凹凸和结晶的间隙向四周漫流，从而在被焊母材表面形成附着层，使焊料与母材金属的原子相互接近，达到原子引力起作用的距离。

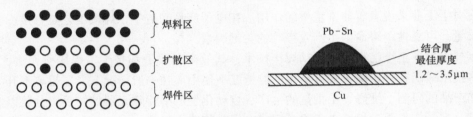

图 5-2 金属界面形成的结合层

2）扩散。条件如下：

① 距离足够近，焊料与母材金属必须接近到足够小的距离。只有在一定小的距离内，原子间引力作用才会发生。金属表面的氧化层或其他杂质的阻碍和隔离都会使焊料与母材金属原子不能充分接触而达不到这个距离。

② 温度足够高，只有在一定温度下金属原子才具有动能，使得扩散得以进行，理论上说，到"绝对零度"时便没有扩散的可能。实际上在常温下扩散进行是非常缓慢的。

③ 时间足够长。扩散不是立即形成的，在极短的时间内，金属原子是来不及获得足够的动能的。

3）冶金结合。由于焊料与被焊金属表面原子相互扩散，在焊料与被焊金属之间形成了一个中间层——金属化合物层，冶金结合状态的存在是良好焊点的保证。

理论上只有温度越高、时间越长，金属原子才有足够的时间和能量进行扩散，形成良好的结合层。实际上由于受元器件其他部位材料耐受温度的限制，焊剂汽化挥发、老化及焊料和被焊接的元器件金属表面重新氧化的限制，在焊接工艺中，焊接温度不能过高，焊接时间不能过长。由于温度和时间的限制，从结合层形成的过程表象来看又会造成虚焊的问题。

此外在焊锡凝固的过程中，两个被焊的金属物体位置相对固定，不能产生位移的变化，以便熔化后的金属重新形成的晶相结构能保证形成的焊点有足够的机械强度。

满足以上基本条件才能形成良好的焊点，焊接使用的焊料焊剂、焊接工具及焊接操作手法都是为了满足以上良好焊接完成的条件。

2. 焊料

（1）铅锡焊料

在电子焊接中使用的焊料常用铅锡焊料，又叫焊锡，它是一种由锡（Sn）和铅（Pb）组成的合金材料。

锡（Sn）在常温下是一种略带蓝色色荫的银白色金属，密度约为 $7.3 \mathrm{g/cm^3}$，有较好的延展性，熔点约为 $231.89℃$，金属锡在高于 $13.2℃$ 时呈银白色，低于 $13.2℃$ 时呈灰色，低于 $-40℃$ 时变成粉末。常温下锡的抗氧化性强，易与铅、铜、金、银、镍等金属反应，生成金属化合物，在空气中有较好的耐腐蚀性，纯锡质脆、机械性差。

铅（Pb）在常温下是一种银灰色的软金属，密度为 11.344g/cm³，熔点约为 327℃，有较高的抗氧化性和抗腐蚀性，在高温下可与镉、铋、锑等金属互熔，不与铜、铁、锌等金属熔合。纯铅的机械性能也很差。

1）锡铅合金焊料特性。锡和铅两种金属以一定比例形成的合金，具有纯锡和纯铅所不具备的一系列优点：

① 降低焊锡的熔点。当锡占比为 61.9%，铅占比为 38.1%时，焊锡熔点最低为 183℃。

② 提高机械强度。合金的机械强度优于纯锡和纯铅。

③ 减小表面张力。黏度下降，增大了焊锡液态的流动性，有助于良好焊点的形成。

④ 增强抗氧化性。铅的抗氧化性能较强，使焊锡保持了铅的抗氧化性。

⑤ 降低成本。由于铅的添加使焊锡的制造成本更低。

锡和铅按一定比例配制成的锡铅合金焊料，其熔点和机械强度都会发生相应的变化，其状态转化和合金成分关系图可以用图 5-3 所示的合金状态图来描述。

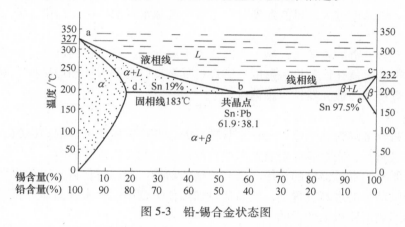

图 5-3　铅-锡合金状态图

在以温度为纵坐标，以锡、铅质量百分比为横坐标绘制的状态图中，c 为纯锡的熔点，a 为纯铅的熔点，线 abc 为液相线，处于此线以上的位置时焊料皆为液态；线 adbec 为固相线，线以下皆为固态（α、$\alpha+\beta$ 或 β 固熔体）；△adb 和△bce 的区域内分别为 α 固熔体与液体以及 β 固熔体与液体所组成的半熔融区；dbe 线称为共晶线，b 点为共晶点，共晶点所对应的焊料成分为 61.9%的锡与 38.1%的铅。从图 5-3 可以明显地看出，这种配比的焊料熔点最低（183℃），并且在熔化或凝固时不经过半熔融状态，特别适合于焊接操作，容易得到性能优良的焊点。这种焊料称为共晶焊料，手工焊接应尽量选用共晶焊料。锡铅焊料中的含锡量越高，其浸润性越强；而含铅量越高时，焊点表面耐腐蚀性能越佳。

2）焊锡的规格和选购。铅-锡焊料的外形根据需要可以加工成焊锡条、焊锡带、焊锡丝、焊锡圈、焊锡片等不同形状。也可以将一定粒度的焊料粉末与焊剂混合后制成膏状焊料，即所谓的"银浆""锡膏"，用于表面贴装元器件的安装焊接。手工焊接现在普遍使用有活化松香焊剂芯的焊锡丝。焊锡丝的直径从 ϕ0.5mm 到 ϕ5.0mm 分为 10 多种规格。一般的电子产品安装焊接使用 ϕ1.2mm 左右的即可，ϕ0.5mm 以下的锡焊丝用于密度较大的贴装印制电路板上微小元器件的焊接。

选购焊料时要注意品牌、型号和质量。即使同样规格、同一牌号的产品，有时不同货物批次其杂质的成分和含量也会不同，焊接性能相差甚远。成批购入时一定要先做焊接试验。

3）杂质金属对焊料的影响。通常将焊锡料中除锡、铅以外所含的其他微量金属成分称为杂质金属。杂质金属对焊料性能的影响很大，其中锑可以增加强度，少量的锑可以防止低温下"锡疫"现象的发生；银可以增加电导率，改善焊接性能，含银焊料可以防止银膜在焊接时熔解，特别适合于陶瓷器件上有银层处的焊接，还可用在高档音响产品的电路及各种镀银件的焊接；加入铋、镉、铟等金属可以降低焊料的熔融温度，制成低熔点焊料，但会降低焊料的机械性能；铝和锌对焊料的危害极大，它们以氧化物固体杂质的形式存在，会降低焊料的流动性和浸润性，焊料中当锌的含量超过 0.001% 时就使焊料浸润性明显下降，含量超过 0.005% 时，焊点会失去光泽，出现麻点；铜是焊锡中最难避免的一种杂质，它的含量不允许超过 0.5%，铜的存在使得焊料熔点升高，焊点变脆。

（2）无铅焊料

由于铅及其化合物对人体有害，含有损伤人类的神经系统、造血系统和消化系统的重金属毒物，会导致呆滞、高血压、贫血、生殖功能障碍等疾病，影响儿童的生长发育、神经行为和语言行为，铅浓度过大，可能致癌并对土壤空气和水资源均产生污染，使污染范围迅速扩大。

无铅焊料不含有毒的铅金属，是一种以锡为主的含锡、银、铋的合金，由于含有银的成分，提高了焊料的抗氧化性和机械强度，该焊料具有良好的润湿性和焊接性，可用于瓷基元器件的引出点焊接和一般元器件引脚搪锡。

（3）焊膏

焊膏是指将合金焊料加工成一定粉末状颗粒的，并拌以糊状助焊剂构成的，具有一定流动性的糊状焊接材料。它是表面安装技术中再流焊工艺的必需焊接材料。

糊状焊膏既有固定元器件的作用，又有焊接的功能。使用时，首先用糊状焊膏将贴片元器件粘在印制电路板的规定位置上，然后通过加热使焊膏中的粉末状固体焊料熔化，达到将元器件焊接到印制电路板上的目的。

焊膏的品种较多，其分类方式主要有以下三种：

1）按焊料合金的熔点可分为高温、中温和低温焊膏，如锡银焊膏（96.3Sn/3.7Ag）为高温焊膏，其熔点温度为 221℃；锡铅焊膏（63Sn/37Pb）为中温焊膏，其熔点温度为183℃；锡铋焊膏（42Sn/58Bi）为低温焊膏，其熔点温度为138℃。

2）按焊剂的成分可分为免清洗、有机溶剂清洗和水清洗焊膏等几种。免清洗焊膏是指焊接后只有焊点有很少的残留物，焊接后不需要清洗；有机溶剂清洗焊膏通常是指掺入松香助焊剂的焊膏，需要清洗时通常使用有机溶剂清洗；水清洗焊膏是指焊膏中用其他有机物取代松香助焊剂，焊接后可以直接用纯水进行冲洗去除焊点上的残留物。

3）按黏度可分为印刷用和滴涂用两类。

3. 焊剂

焊剂又称助焊剂，在焊锡焊接过程中起着帮助焊接的作用。

一个良好焊点的形成是两种力共同作用的结果。

（1）表面张力和润湿力

1）表面张力是气液界面的一种现象，由于表面液体蒸发，液面分子分布比液体内部稀疏，表现为分子间的引力，在表面可形成为一层紧致的绷紧的薄膜（类似于塑料膜），导致界面总是趋于最小。

2）润湿力表现为一滴液体置于固体表面，液体会在固体表面自动铺展。润湿力就是液体浸润固体表面的能力，可以用接触角（或称润湿角）的大小来表征。图 5-4 所示为润湿角与润湿力关系图。

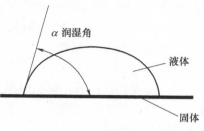

图 5-4　润湿角与润湿力关系

① 当 $0°<\alpha<90°$ 时，表示液滴能润湿固体表面。

② 当 $90°<\alpha<180°$ 时，表示液滴不能润湿固体表面。

③ 当 $\alpha=0°$ 时，表示液滴完全能润湿固体表面。

④ 当 $\alpha>180°$ 时，表示液滴完全不能润湿固体表面。

焊锡有润湿力才能吸附在烙铁头上，有表面张力才能吸附一定的量；润湿力使焊锡在被焊金属表面展开，表面张力的毛细作用使得被焊金属表面形成的缝隙、拐角处对液态的焊锡有相当大的引力。

不管焊接需要的两种力及焊接温度、焊接时间等条件多么满足需要，所有这一切必须有一个先决条件：焊锡表面和被焊金属表面必须是纯净的，没有杂质、没有氧化物，也不能产生新的氧化物。焊剂的使用很好地解决了这个问题。

（2）助焊剂

1）助焊剂分类。助焊剂分为有机和无机两大类，有机类焊剂也分为松香基和非松香基焊剂。按形态有固体、液体、气体之分。

在电子产品焊接中使用的焊剂一般是松香为主的有机焊剂，松香是一种淡黄色至棕红色的透明玻璃状固体，主要成分是松香酸，松香在 74℃ 时开始熔化并呈现出活性，作为酸开始起助焊作用。固体松香的电阻率很高，有良好的绝缘性，并且化学性能稳定，对焊点和电路没有腐蚀性。由于本身就是很好的固体助焊剂，可以用烙铁直接熔化、蘸着使用，焊接时略有气味，但无毒。早期的无线电工程人员没有松香焊锡丝而使用实心的焊锡条时，只要有一块松香助焊就可以焊出非常漂亮的焊点。松香在焊接时间过长时就会挥发、炭化，因此作为焊剂使用时要掌握好与电烙铁接触的时间。

松香不溶于水，易溶于乙醇、乙醚、苯、松节油和碱溶液，通常可以很方便地制成松香酒精溶液供浸渍和涂覆使用。松香本身除可以直接作为焊剂使用外，还是大多数有机焊剂中的主要添加成分。通常采用添加活性物质的松香和氢化松香。

2）助焊剂的助焊作用。助焊剂是指在焊接工艺中能帮助和促进焊接过程，同时具有保护作用、阻止氧化反应的化学物质。助焊剂主要作用有辅助热传导、去除氧化物、降低被焊接材质表面张力、去除被焊接材质表面油污、增大焊接面积、防止再氧化等，其中比较关键的作用是去除氧化物与降低被焊接材质表面张力。

松香作为助焊剂，它的主要作用机理有：

① 去除油污。松香是有机焊剂，先于焊锡熔化，溶解焊接金属表面油污。

② 去除氧化层。其实质是松香随着温度的升高，作为酸开始起作用。酸类物质同氧化物发生还原反应，从而除去氧化膜，反应后的生成物变成悬浮的渣，漂浮在焊料表面。

③ 防止再次氧化。液态的焊锡及加热的焊件金属都容易与空气中的氧接触而氧化。助

焊剂在熔化后漂浮在焊料表面，形成隔离层，因而防止了焊接面的再次氧化。

④ 减小表面张力。增加焊锡流动性，有助于焊锡润湿焊件。

4．其他焊接辅助材料

（1）清洗剂

在完成焊接操作后，焊点周围存在残余焊剂、油污、汗迹、灰尘以及多余的金属物等杂质，这些杂质对焊点有腐蚀、伤害作用，会造成绝缘电阻下降、电路短路或接触不良等，因此要对焊点进行清洗。

常用的清洗剂主要有以下三种。

1）无水乙醇。无水乙醇又称无水酒精，它是一种无色透明且易挥发的液体。其特点是易燃、吸潮性好，能与水及其他许多有机溶剂混合，可用于清洗焊点和印制电路板组装件上残留的焊剂和油污等。

2）航空洗涤汽油。航空洗涤汽油是由天然原油中提取的轻汽油，可用于精密部件焊点的洗涤等。

3）三氯三氟乙烷。三氯三氟乙烷是一种稳定的化合物，在常温下为无色透明、易挥发的液体，有微弱的醚的气味。它对铜、铝、锡等金属无腐蚀作用，对保护性的涂料（油漆、清漆）无破坏作用，在电子设备中常用作气相清洗液。

有时，也会采用三氯三氟乙烷和乙醇的混合物，或用汽油和乙醇的混合物作为电子设备的清洗液。

（2）阻焊剂

阻焊剂是一种耐高温的涂料，其作用是保护印制电路板上不需要焊接的部位。使用时，将阻焊剂涂在不需要焊接的部位将其保护起来，使焊料只在需要焊接的焊点上进行。常见的印制电路板上没有焊盘的绿色涂层即为阻焊剂。

阻焊剂可分为热固化型阻焊剂、紫外线光固化型阻焊剂（又称光敏阻焊剂）和电子辐射固化型阻焊剂等几种。目前，常用的阻焊剂为紫外线光固化型阻焊剂。

使用阻焊剂的好处如下：

1）在焊接中，特别是在自动焊接技术中，可防止桥接、短路等现象发生，降低返修率，提高焊接质量。

2）焊接时，可减小印制电路板受到的热冲击，使印制电路板的板面不易起泡和分层。

3）在自动焊接技术中使用阻焊剂后，除了焊盘，其余部分均不上锡，可大大节省焊料。

4）阻焊剂使印制电路板受热少，可以降低电路板的温度，起到保护电路板和电路元器件的作用。

5）使用带有色彩的阻焊剂，使印制电路板的板面显得整洁美观。

5.2　手工焊接工具

在电子产品制作中常用的手工焊接工具主要有电烙铁和焊接辅助工具等。

1．电烙铁

"工欲善其事，必先利其器"，所有优秀的技师、工匠，对他们的工具都非常讲究，手工焊接也不例外。电烙铁是手工焊接中最为常见的工具，用于电子产品的手工焊接、补焊、维修及更换元器件等。

（1）电烙铁的功能和工作原理

电烙铁在手工锡焊过程中担任着加热焊区各被焊金属、熔化焊料、运载焊料和调节焊料用量的多重任务。

电烙铁的工作原理简单地说就是一个电热器在电能的作用下，发热、传热和散热的过程。接通电源后，在额定电压下，烙铁芯以电热丝阻值所决定的功率发热。热量优先传给电烙铁头，使其温度上升，再由烙铁头的表面向周围环境中散发。热量散发的速度与烙铁头的温升成正比，温升越大热量散发的速度越快；当达到一定的温度后，散热的功率就会等于发热的功率而达到一种动态平衡，此时停止升温，电烙铁的预热阶段完成。此时烙铁头的温度就是这支电烙铁的空载预热温度，一般为 300 多摄氏度，超出焊料熔点很多。发热芯的热量也会向后传给管身部分，由于管身部分是由有一定长度的薄壁钢管做成的，热阻较大，加上有些管身后段具有散热孔或隔有散热片，手柄温升不高。

在空载预热温度下电烙铁的各个部分都会以"热量=热容量×温度"的关系各自存储着一份热量。焊接操作时，当烙铁头的工作面与焊料、工件接触时，原来的平衡关系就被打破，热量马上通过热阻比空气小得多的接触部位传向焊接工作区，使得焊锡、工件的温度很快地上升。只要烙铁头的热容量较之于被焊区工件的热容量足够大，就可以在极短的时间内使焊锡和工件焊接部位的温度超过焊锡的熔点而完成焊接的过程，而其本身的温度却下降很少。

电烙铁的电源线常选用橡胶绝缘导线或带有棉质织套的花线，而不使用塑胶绝缘的导线，这是因为塑胶导线的熔点低、易被烙铁的高温烫坏。

（2）电烙铁的分类和选用

电烙铁的种类很多，根据加热方式分为：外热式、内热式两类，分别如下：

1）内热式电烙铁。由于发热部分电烙铁芯位于电烙铁的内部，其热量是由内向外散发，故称为内热式电烙铁。内热式电烙铁从加热到适合焊接温度一般只需 3min，具有发热快、热效率高（可达 85%~95%及以上）及体积小、重量轻、耗电量少、使用方便、灵巧等优点，适用于小型电子元器件和印制板的手工焊接。

2）外热式电烙铁。外热式电烙铁的电烙铁头安装在电烙铁芯的里面，其发热时的热传导是从外向内进行的，故称外热式电烙铁。外热式电烙铁在加热时一边向烙铁头传导热量，一边向外散热，平衡电烙铁的焊接温度，因此外热式电烙铁具有工作温度平稳、不易烫坏元器件、连续焊接能力强、使用寿命长等优点，同时也有体积大、热效率低、耗电量大、升温较慢（一般达 6min）等特点。一般用于大元器件的焊接。

根据电烙铁的功能可分为：吸锡电烙铁、防静电电烙铁及自动送锡电烙铁等，具体如下：

1）吸锡电烙铁。吸锡电烙铁是在普通电烙铁的基础上增加吸锡机构，使其具有焊接、吸锡两种功能，如图 5-5 所示。它具有使用方便、灵活、适用范围宽等特点。

吸锡电烙铁用于方便地拆卸电路板上的元器件，常用于更换电子元器件和维修、调试电子产品的场合。操作时用吸锡电烙铁加热焊点，等焊点的焊锡熔化后，按动吸锡开关，即可将焊盘上的熔融状焊锡吸走。吸锡电烙铁拆卸元器件具有操作方便、能够快速吸空多余焊

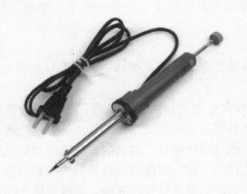

a) 手动吸锡电烙铁

b) 电动吸锡电烙铁

图 5-5　吸锡电烙铁

料、拆卸元器件的效率高、不易损伤元器件和印制电路板等优点，为更换元器件提供了便利。吸锡电烙铁的不足之处是每次只能对一个焊点进行拆焊。

2）自动送锡电烙铁。自动送锡电烙铁是在普通电烙铁的基础上增加了自动送锡机构，在焊接时能将焊锡自动送到焊接点，从而完成焊接。自动送锡电烙铁如图 5-6 所示。

另外，常用的还有恒温式电烙铁，具体如下：

内热式和外热式电烙铁的温度会超过300℃，这对焊接半导体器件不利，在焊接质量要求较高的场合中，常用恒温式电烙铁来进行焊接。

恒温电烙铁分不可调式和可调式两种：

1）不可调式恒温电烙铁一般分为磁控恒温电烙铁和电控恒温电烙铁。电控恒温电烙铁是利用热电偶作为传感控制元器件来检测和控制烙铁头的温度，当烙铁头的温度低于某一温度值时，电烙铁内部的热电偶电路动作，控制开关元器件或继电器接通电源，电烙铁加热；当温度达到恒温值时，温控装置自动切断电源；如此反复，达到恒温的目的。电控恒温电烙铁如图 5-7 所示。

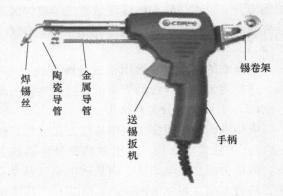

焊锡丝　陶瓷导管　金属导管　锡卷架　送锡扳机　手柄

图 5-6　自动送锡电烙铁

电控恒温电烙铁由于制作时要用到很多电子元器件，成本高、价格较贵，所以目前普遍使用的是磁控恒温电烙铁。两种恒温电烙铁各有优缺点，所以要根据焊接时的实际元器件选择使用哪种恒温电烙铁。恒温电烙铁是断续加热的，所以比普通电烙铁省电；由于其恒温特性使得在使用恒温电烙铁焊接时虚焊现象减少，提高了焊接质量，而且还能减少对温度敏感元器件的损坏。

2）可调式自动恒温电烙铁实际上是由一只质量较好的普通低压电烙铁加上一套变压恒温调节装置组合而成的。其温度控制精确、适应范围广、性能优良，适用于产品开发、研究等场合，但不适于初学者使用，因为设备条件太好的情况下就使使用者失去了某些训练的机会，使学到的技艺适应性不强，且这种设备价格昂贵，不便携带。可调式自动恒温电烙铁如图5-8所示。

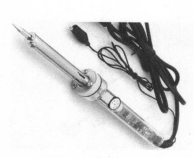

图5-7　电控恒温电烙铁

图5-8　可调式自动恒温电烙铁

2. 焊接辅助工具

焊接时使用的辅助工具有烙铁架、吸锡器、放大镜灯、锉刀等，具体如下：

1）烙铁架。烙铁架是在焊接间隙放置电烙铁使之离开工作台以免发生火灾、人身烫伤伤害及其他危险事故的辅助焊接工具，如图5-9所示。

a)　　　　　　　　　　　　b)　　　　　　　　　　c)

图5-9　烙铁架

2）吸锡器。吸锡器是一种帮助把电子元器件或导线从电路板上拆卸下来的工具，如图5-10所示。

手动吸锡器大部分为活塞式。按照吸筒壁材料可分为塑料手动吸锡器和铝合金手动吸锡器。吸锡器由于吸嘴常接触高温，通常采用耐高温塑料制成。手动吸锡器具有轻巧、价格便宜的优点，主要由吸嘴、滑杆活塞、按钮、弹簧等组成。

吸锡器是配合电烙铁使用的，电烙铁将焊锡熔化，将活塞压到底的吸锡器吸嘴靠近焊点，按动按钮，弹簧弹力带动滑杆活塞产生抽吸作用，将熔化的焊锡抽入到吸锡器筒内。吸锡器在使用一段时间后，吸筒内壁必须清理干净，否则内部活动部分会被锡渣卡住。

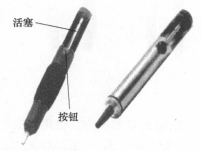

活塞

按钮

a) 塑料手动吸锡器　　b) 铝合金手动吸锡器

图5-10　手动吸锡器

3）放大镜灯。放大镜灯用于元器件识别、电路板检测及焊接质量检查。放大镜灯按光源有 LED 和荧光灯之分，荧光灯又分为青玻与白玻系列产品；按灯面形状有方形和圆形之分；按支撑方式分为广角夹式和台式放大镜灯。如图 5-11 所示，图 5-11a 是青玻方形广角夹式放大镜灯，图 5-11b 是白玻圆形台式放大镜灯。

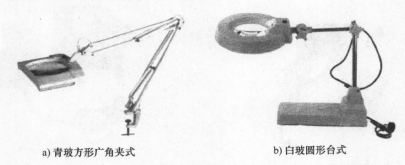

a) 青玻方形广角夹式　　　　　　　　　　　b) 白玻圆形台式

图 5-11　放大镜灯

4）锉刀。如图 5-12 所示，锉刀是电子焊接时修整普通电烙铁焊接面必不可少的工具。随着电烙铁的加热使用，烙铁头焊接面会氧化发黑、残留杂质以

图 5-12　锉刀

及焊锡与烙铁头的铜材形成金属化合物使焊接面凹陷不平，影响电烙铁的正常焊接使用，此时就要用锉刀挫平烙铁头焊接面，露出铜材，恢复焊接功能。正确使用方法是用锉刀锉烙铁头，而不是烙铁在锉刀上磨。长寿命烙铁头不能用锉刀修整。

5）其他辅助工具。其他辅助焊接工具还有虎钳、尖嘴钳、斜口钳、螺钉旋具、镊子和电工刀等，如图 5-13 所示。

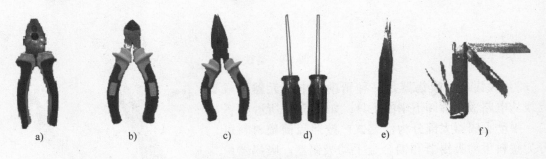

a)　　　　　b)　　　　　c)　　　　　d)　　　　　e)　　　　　f)

图 5-13　其他辅助工具

3. 电烙铁的检测、使用与维护

电烙铁是一种使用 220V 电源的发热工具，手持使用，存在着用电安全、人身烫伤、火灾等安全威胁，所以电烙铁的安全使用尤其重要。

（1）电烙铁的检测

1）外观检查。检查电烙铁电源线是否有破损而造成芯线裸露，烙铁头是否松动及焊接面发黑氧化或凹陷不平，电源线固定螺钉是否松动。

2）万用表测量。用万用表电阻档测量电烙铁插头两端电阻，正常应有几百欧电阻。

如果电阻为零，说明电烙铁内部出现短路故障。此时一定先要排除短路故障后才能通电使用。否则会造成一连串的短路，损坏电源电路。

如果电阻为无穷大，说明电烙铁存在断路故障。断路故障有电源线内部断开、电源线端部从接线柱上脱落、烙铁芯内电阻丝断掉等。

如果电阻测量正常，电烙铁温度达不到焊接要求，有可能是烙铁头拉出太长，或烙铁头焊接面氧化等。

以上问题修正后，才允许电烙铁正常加电使用。

（2）电烙铁的使用

1）电烙铁使用中的注意事项。电烙铁加热使用时，不能用力敲击甩动。因为电烙铁通电后，其烙铁芯中的电热丝和绝缘瓷管变脆，敲击易使烙铁芯中的电热丝断裂和绝缘瓷管破碎，使烙铁头变形、损伤；当烙铁头上的焊锡过多时，可用布擦掉，切勿甩动，以免飞出的高温焊料危及人身、物品安全。

2）加热及焊接过程中，电烙铁的放置及处理。电烙铁加热或暂时停焊时，不能随意放置在桌面上，应把烙铁头支放在烙铁架上，可避免烫坏其他物品。注意电源线不可搭在烙铁头上，以防烫坏绝缘层而发生触电事故或短路事故。电烙铁较长时间不用时，要把电烙铁的电源插头拔掉。长时间在高温下会加速烙铁头的氧化，影响焊接性能，烙铁芯的电阻丝也容易烧坏，降低电烙铁的使用寿命。

3）烙铁头温度的调节。烙铁头的温度可通过调节烙铁头伸出的长度来改变。烙铁头从烙铁芯拉出越长，烙铁头的温度相对越低，反之温度越高。也可以利用更换烙铁头的大小及形状达到调节温度的目的：烙铁头越细，温度越高；烙铁头越粗，相对温度越低。

4）焊接结束后，电烙铁的处理。焊接结束后，应及时切断电烙铁的供电电源。待烙铁头冷却后，用干净的湿布清洁烙铁头，并将电烙铁收回工具箱。

（3）电烙铁的维护

1）安全性检测。新买的电烙铁先要用万用表的电阻档检查一下插头与金属外壳之间的电阻值，正常时其电阻为无穷大（表现为万用表指针不动），否则应该将电烙铁拆开检查。采用塑料电线作为电烙铁的电源线是不安全的，因为塑料电线容易被烫伤、破损，易造成短路或触电事故。建议在电烙铁使用前换用橡皮花线。

2）新烙铁头的处理。普通的新烙铁第一次使用前，其烙铁头要先进行镀锡处理。方法是将烙铁头用细砂纸打磨干净，然后浸入松香水，沾上焊锡在硬物（例如木板）上反复研磨，使烙铁头各个面全部镀锡。这样可增强其焊接性能，防止氧化。但对经特殊处理的长寿烙铁头，其表面一般不能用锉刀去修理，因烙铁头端头表面镀有特殊的抗氧化层，一旦镀层被破坏后，烙铁头就会很快被氧化而报废。

3）烙铁头的维护。对使用过的电烙铁，应经常用浸水的海绵或干净的湿布擦拭烙铁头，保持烙铁头的清洁。

烙铁头长时间使用后，由于长时间工作在高温状态，会出现烙铁头发黑、炭化等氧化现象，使温度上升减慢、焊点易夹杂氧化物杂质，影响焊点质量；同时烙铁头工作面也会变得凹凸不平，影响焊接。这时可用锉刀轻轻锉去烙铁头表面氧化层，将烙铁头工作面锉平，在露出纯铜的光亮后，立即将烙铁头浸入熔融状的焊剂中，进行镀锡（上锡）处理。

烙铁芯和烙铁头是易损件，其价格低廉，很容易更换。但不同规格的烙铁芯和烙铁头，不能通用互换。

4. 烙铁头的选择技巧

烙铁头是用热传导性能好、高温不易氧化的铜合金材料制成的，为保护在焊接的高温条件下不被氧化生锈，常将烙铁头经电镀处理。

烙铁的温度与烙铁头的形状、体积、长短等都有一定关系。不论是何种类型的电烙铁，烙铁头的形状都要适应被焊元器件的形状、大小、性能以及电路板的要求，不同的焊接场合要选择不同形状的烙铁头。烙铁头形状如图 5-14 所示。

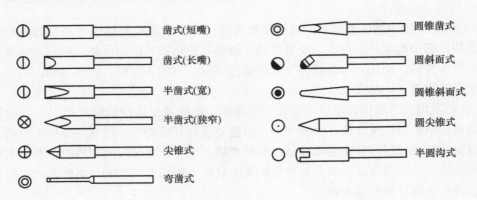

图 5-14　烙铁头形状

5.3　焊接工艺

1. 操作姿势

在手工焊接时，要求掌握正确的姿势，以保证焊接质量、劳动效率和人身安全。

1）挺胸，坐姿要端正。

2）焊点至鼻尖的距离要大于 20cm，一般保持在 30~40cm。

2. 电烙铁和焊锡丝的拿法

1）手工焊接时电烙铁的拿法有握笔法、正握法、反握法，如图 5-15 所示。对于小功率手工电烙铁我们一般采用灵活方便的握笔法；中功率电烙铁常用正握法；而反握法一般用于大功率电烙铁。

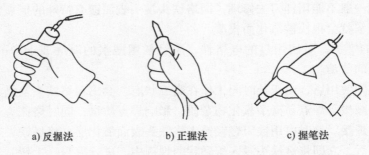

a）反握法　　　　b）正握法　　　　c）握笔法

图 5-15　电烙铁的握法

2）焊接时，是手拿焊锡丝送料的，焊锡丝的拿法有两种：连续送焊锡丝法和断续送焊锡丝法，如图 5-16 所示。用拇指和食指捏住焊锡丝，焊锡丝端部露出手指 3～5cm，其余手指往前送锡。

电烙铁在预热过程中，要进行这样的操作：先熔化单独准备好的松香，再熔化焊锡。这样做既确保了电烙铁能正常使用，也防止了烙铁头烧死，烙铁头焊接面一定要保持银白色的吃锡状态。

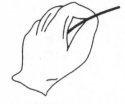 

a) 连续送焊锡丝法　　　　　　　　　b) 断续送焊锡丝法

3. 五步焊接法

（1）五步焊接法的步骤

图 5-16　焊接时焊锡丝的拿法

五步焊接法是手工焊接的基本方法，是在实践中摸索总结出来的具体操作方法，每一步操作准确到位才能保证焊接质量。具体如下：

1）焊接准备。准备好焊锡丝和烙铁。此时特别强调的是烙铁头部要保持干净，即可以沾上焊锡（俗称吃锡），并且带少许焊锡。准备好焊件，并将焊件装配到位。一只手拿电烙铁，另一只手拿焊锡丝，并且分别位于被焊工件两侧，准备施焊。

2）加热焊件。将电烙铁焊接面接触焊接点，注意首先要保持烙铁加热焊件各部分，例如印制板上引线和焊盘都使之受热，其次要注意让烙铁头的扁平部分（较大部分）接触热容量较大的焊件，烙铁头的侧面或边缘部分接触热容量较小的焊件，以保持焊件均匀受热，加热时间 1～2s。

3）加焊锡丝。当焊件被焊部位加热到能熔化焊料的温度后将焊锡丝置于焊点，焊料开始熔化并润湿焊点。送锡量要适量，焊点外形应呈圆锥状，表面微凹，且有光泽。如果焊锡堆积过多，内部就可能掩盖着某种缺陷隐患，焊点强度也不一定高；如果焊锡量过少，就不能完全润湿整个焊点。

4）移去焊锡。当熔化一定量的焊锡并形成良好的结合层后将焊锡丝迅速移去。

5）移去烙铁。移去焊锡丝之后，在助焊剂还没有完全挥发完之前迅速移去电烙铁，注意移开烙铁的方向应该是与轴向大约45°的方向撤离，向里回收，回收速度要快，动作要熟练，以免形成拉尖；在电烙铁回收时，还要轻轻旋转一下带走多余的焊料。从放上电烙铁到移去电烙铁，整个过程以 2～3s 为宜。时间过短，焊接不牢；时间过长，会损坏元器件。图 5-17 是手工焊接五步焊接法示意图。

（2）焊接要领

1）烙铁头及焊接面符合焊接要求。如果烙铁头有氧化层或污渍会影响加热效果，如果焊接面有氧化层或污渍会造成不能与锡有良好的熔合，解决方法就是对氧化层及污渍做及时的清洁、清理处理。

2）加热焊件方法要正确。电烙铁加热焊件时，不要用力紧压焊件，以免损坏元器件，增加电烙铁损耗。焊接时是电烙铁加热焊件，是用焊接面加热而不是点加热，而且两个焊件受热要均匀，焊件温度熔化焊锡，而不是烙铁头直接熔化送来的焊锡或者用烙铁头上带来的焊锡完成焊接。

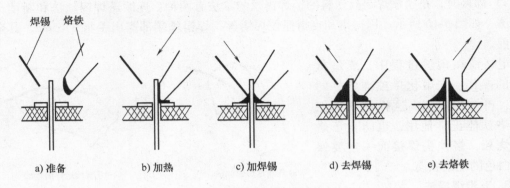

图 5-17　手工焊接五步焊接法

　　如图 5-18 所示，当把焊锡熔化到电烙铁头上时，焊锡丝中的焊剂伏在焊料表面。由于烙铁头温度一般都在 250~350℃，当烙铁放到焊点上之前，松香焊剂将不断挥发，而当烙铁放到焊点上时由于焊件温度低，加热还需一段时间，在此期间焊剂很可能挥发大半甚至完全挥发，因而在润湿过程中由于缺乏焊剂而润湿不良。同时由于焊料和焊件温度差很多，结合层不容易形成，很难避免虚焊。更由于焊剂的保护作用丧失后焊料容易氧化，质量得不到保证就在所难免了。

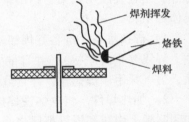

图 5-18　不当操作，焊剂在烙铁头上挥发

　　3）焊锡量和焊剂量要合适。焊锡量的多少决定了焊点的形状、大小，也影响焊点质量，以略凹圆锥状为准。焊锡丝里面自带的焊剂足够焊接使用，一般情况下不用另加焊剂。过多的焊剂要进行清洗，否则将会增大工作量，且如果加热不足时，还会造成"夹渣"现象。

　　4）加热时间要合适。整个焊接过程电烙铁加热时间一般以 2~3s 为宜。加热时间太长、温度过高容易使元器件损坏、焊点发白，甚至使印制电路板铜箔焊盘脱落。加热时间过短，焊锡流动性差，很容易凝固，使焊点呈"豆腐渣"状。

　　5）电烙铁移走方向要正确。电烙铁结束焊接时，其撤离方向、角度决定了焊点上焊料的留存量和焊点的形状。如图 5-19 所示为电烙铁撤离方向与焊料留存量的关系，手工焊接者可根据实际需要，选择电烙铁不同的撤离方法。

　　图 5-19a 中，电烙铁以 45°的方向撤离，带走少量焊料，焊点圆滑、美观，是焊接时较

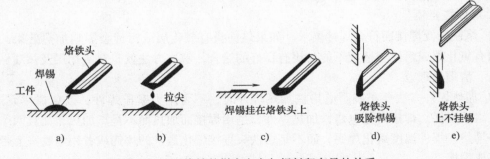

图 5-19　电烙铁的撤离方向与焊料留存量的关系

好的撤离方法。

图 5-19b 中，电烙铁垂直向上撤离，焊点容易产生拉尖、毛刺。

图 5-19c 中，电烙铁以水平方向撤离，带走大量焊料，可在拆焊时使用。

图 5-19d 中，电烙铁沿焊点向下撤离，带走大部分焊料，可在拆焊时使用。

图 5-19e 中，电烙铁沿焊点向上撤离，带走少量焊料，但焊点的形状不好。

6）焊件位置相对固定。在焊锡凝固前，要保证焊件之间的位置不能移动，焊点不能受到振动，否则会使焊点内部结构疏松、无光泽或有裂纹，降低焊点机械强度，造成虚焊现象。

4. 三步焊接法

当焊接操作非常熟练时，对于热容量需求较小的元器件，或使用较高功率如 50～100W 的电烙铁时，可将"五步焊接法"操作步骤调整为"三步焊接法"。

1）准备施焊认准焊点位置，烙铁头和焊锡丝靠近，处于可焊接状态。

2）预热与加入焊锡丝在被焊件的对称两侧，同时放上电烙铁与焊锡丝，熔化焊料。

3）移开焊锡与烙铁。当焊点形成的瞬间，移走焊锡丝与电烙铁，注意焊锡丝要先撤走。

5.4 焊点质量

1. 焊点质量要求

焊点的质量直接关系着产品的稳定性和可靠性等电气性能。一台电子产品其焊点数量可能大大超过元器件数量，焊点有问题，检查起来十分困难，所以必须明确对合格焊点的要求，认真分析影响焊接质量的各种因素，以减少出现不合格焊点的机会，尽可能在焊接过程中提高焊点的质量。

（1）良好电气导通性能

电子产品工作的可靠性与电子元器件的焊接紧密相连。一个焊点要能稳定、可靠地通过一定的电流，没有足够的连接面积是不行的。如果焊锡仅仅是将焊料堆在焊件的表面或只有少部分形成合金层，那么在最初的测试和工作中，也许不能发现焊点出现的问题，但随着时间的推移和条件的改变，接触层被氧化，脱焊现象出现了，电路会产生时通时断或者干脆不工作。而这时，观察焊点的外表，依然连接如初，这是电子仪器检修中最令人头痛的问题，也是产品制造中要格外注意的问题。

（2）机械结合牢固

焊接是电子线路从物理上实现电气连接的主要手段。锡焊连接不是靠压力，而是靠焊接，焊接不仅起到电气连接的作用，同时也是固定元器件、保证机械连接的手段，这就有机械强度的问题。电子产品完成装配后，由于搬运、使用或自身信号传播等原因，会或多或少产生振动；因此，要求焊点具有可靠的机械强度，以保证使用过程中不会因正常的振动而导致焊点脱落。作为铅锡焊料的铅锡合金本身，强度是比较低的。常用的铅锡焊料抗拉强度只有普通钢材的 1/10，要想增加强度，就要有足够的连接面积，焊料多则机械强度大。但又不能因为增大机械强度而在焊点上堆积大量的焊料，这样容易造成虚焊、桥接短路的故障。如果是虚焊点，焊料仅仅是堆在焊盘上，自然就谈不上强度了；另外，焊接时焊锡未流满焊盘，或焊锡量过少，也降低了焊点的强度。还有，焊接时焊料尚未凝固就使焊件振动而引起焊点结晶粗大或有裂纹，都会影响焊点的机械强度。

（3）焊点美观

美观的外表是焊接高质量的反映。焊点表面有金属光泽，是焊接温度合适、生成合金层的标志，而不仅仅是外表美观的要求。

一个良好的焊点从外观来看其表面应该是光洁、明亮，没有拉尖、起皱、鼓气泡、夹渣、麻点等现象；焊料到被焊金属的过渡处应呈现圆滑流畅的浸润状凹曲面；应满足焊点大小：润湿角不大于 45°，焊盘半径 $r \approx (1 \sim 1.2)h$。

良好焊点如图 5-20 所示。

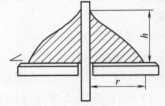

图 5-20　良好焊点

2. 焊接质量的检查

焊接结束后，就要对焊接质量进行检查，常用检查方法有三种：目视检查法、手触检查法和通电检查法。

1）目视检查法就是通过肉眼观察，从外观上检查焊点质量是否合格，从而判断焊点是否有焊接缺陷。此时可借助于放大镜观察焊点，力求更准确无误。

2）手触检查法就是用手触摸、晃动焊接的元器件，看焊点是否有松动、不牢或脱落现象。或用镊子夹住元器件引线轻轻拉动，看是否有松动现象。

3）通电检查法就是在通过目视检查法和手触检查法确认无误之后使用的一种检验电路性能的方法。通电检查后可发现很多小缺陷，例如用目测发现不了的电路桥接、虚焊、电路板印制线断裂等。

3. 焊接缺陷的原因及分析

在电子元器件焊接中，造成焊接缺陷的原因有很多，在材料和工具都一定的情况下，采用什么样的焊接方式及操作者的责任心，就起了决定性的作用了。

（1）导线的焊接缺陷

导线焊接不当也会造成很多电路故障，常见的导线焊接不当现象如图 5-21 所示。

a) 芯线过长　　b) 焊料浸过导线外皮　　c) 外皮烧焦　　d) 甩丝　　e) 芯线散开

图 5-21　导线的焊接缺陷

如图 5-21a 所示，导线的芯线过长，容易使芯线碰到附近的元器件，造成短路故障。

如图 5-21b 所示，导线的芯线过短，焊接时焊料浸过导线外皮，容易造成焊点处出现空洞、虚焊的现象。

如图 5-21c 所示，导线的外皮烧焦、露出芯线的现象是由于烙铁头碰到导线外皮造成的。这种情况下露出的芯线易碰到附近的元器件造成短路故，且外观难看。

如图 5-21d 所示的甩丝现象和如图 5-21e 所示的芯线散开现象，是因为导线端头没有捻头、捻头散开和烙铁头压迫芯线造成的。这两种情况容易使芯线碰到附近的元器件造成短路故障，或出现焊点处接触电阻增大、焊点发热、电路性能下降等不良现象。

（2）元器件的焊接缺陷

元器件的各种焊接缺陷与分析见表5-1。

表5-1 元器件的各种焊接缺陷与分析

焊点缺陷	外观特征	危害	原因分析
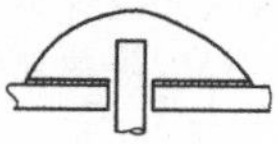 焊料过多	焊料面呈凸形	浪费焊料，且可能包藏缺陷	焊锡丝撤离过迟
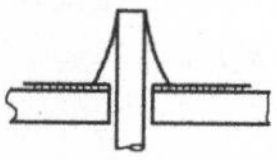 焊料过少	焊料未形成平滑面	机械强度不足	焊锡丝撤离过早或焊料流动性差而焊接时间又短
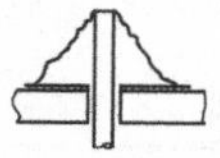 过热	焊点发白无金属光泽，表面粗糙	焊盘容易脱落，强度降低	烙铁功率过大，加热时间过长
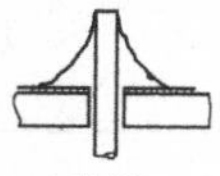 冷焊	表面呈豆腐渣状颗粒，有时可能有裂纹	强度低，导电性能不好	焊料未凝固前焊件抖动或烙铁功率不够
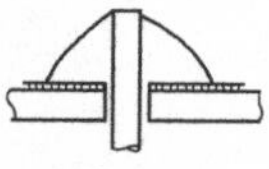 浸润不良	焊料与焊件交界面接触角过大，不平滑	强度低，不通或时通时断	焊件清理不干净，助焊剂不足或质量差，焊件未充分加热
 虚焊	焊件与元器件引线或与铜箔之间有明显黑色界限，焊锡向界限凹陷	电气连接不可靠	元器件引线未清洁好，有氧化层或油污，灰尘；印制电路板未清洁好，喷涂的助焊剂质量不好
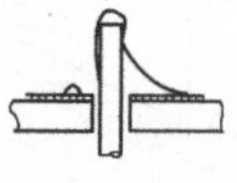 不对称	焊锡未流满焊盘	强度不足	焊锡流动性不好
 拉尖	出现尖端	外观不佳，容易造成桥接现象	助焊剂过少，而加热时间过长，烙铁撤离角度不当
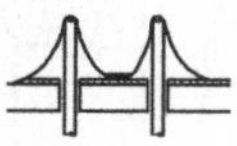 桥接	相邻导线连接	电气短路	焊锡过多，烙铁撤离方向不当

（续）

焊点缺陷	外观特征	危害	原因分析
松动	导线或元器件引线可移动	导通不良或不导通	焊锡未凝固前引线移动造成空隙，引线未处理好（浸润差和不浸润）
针孔	目测和低倍放大镜可见有孔	强度不足，焊点容易腐蚀	焊盘孔与引线间隙太大，焊盘及元器件金属表面氧化不良，焊剂过量或挥发不充分
气泡	引线根部有喷火式焊料突起，内部藏有空洞	暂时导通，但长时间容易引起导通不良	引线与焊盘孔间隙过大或引线浸润性不良
铜箔剥离	铜箔从印制电路板上剥离	印制电路板被损坏	焊接时间长，温度高
剥离	焊点剥落（不是铜箔剥落）	断路	焊盘上金属镀层不良

5.5 特殊元器件的焊接技巧

1. 导线的焊接技术

电子产品的生产装配过程中，经常会用到各种导线，为了提高导线与电路、导线与导线、导线与接线柱、导线与插件的连接可靠性，就需要用到焊接工艺。导线在焊接前必须经过加工处理，加工后再根据连接对象选择焊接的种类。常用的导线焊接种类有以下四种。

（1）绕焊

绕焊也称为网焊，是指将经过加工的导线端头牢固地缠绕在需要焊接的位置后再进行焊接的方法。常用于导线与导线，导线与眼孔式、焊片和柱形接线端子的焊接。绕焊时导线的缠绕较麻烦，拆焊也较复杂，但其可靠性、机械强度极高，因此被广泛应用。常见的绕接方式如图 5-22 所示。

绕接的方式多种多样，没有统一的标准，但一般在绕接时，导线一定要紧贴被缠绕位置的表面，绝缘层不要接触被缠绕的位置，导线离缠绕位置一般应保持有 1~3mm 的距离。

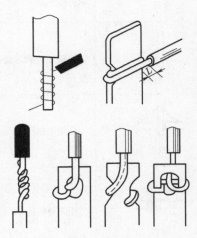

图 5-22 导线的绕接方式

（2）钩焊

钩焊是指把经过加工的导线端头先弯成钩形，然后钩住，紧紧贴在需要焊接的位置进行焊接的方法。钩焊的可靠性和机械强度不如绕焊，但操作方便，也比较容易拆焊，常用于不便于缠绕但便于钩住的端子焊接。钩焊的成型和连接如图 5-23 所示，其端子的处理与绕焊类似，其中 L 为 1~3mm。

（3）搭焊

搭焊是指把经过加工的导线端头搭接在需焊接的位置，再进行焊接的方法。搭接的可靠性和机械强度较差，但焊接和拆焊最为方便，一般用于临时连接的以及不便其他焊接方法的焊点上。搭焊的连接如图 5-24 所示。

（4）插焊

插焊是指把经过处理的导线端头插入焊接孔中或插入空心接线柱中，再进行焊接的方法。插焊的焊接和拆焊操作均简单方便，且有一定的机械强度和可靠性，在电路板和空心接线柱中是较常见的一种焊接方式。插焊中，导线的剥头长度应比需焊接的长度长 1mm 以上。常见的导线插焊如图 5-25 所示。

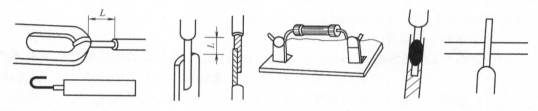

图 5-23　钩焊的成型和连接　　　图 5-24　搭焊的连接　　　图 5-25　常见的导线插焊

2. 易损元器件的焊接

易损元器件是指在焊接过程中，因为受热或接触电烙铁容易造成损坏的元器件，如集成电路、MOS 器件、有机注塑元器件（如一些开关、接插件、双联电容、继电器等）。集成电路和 MOS 器件的最大弱点是易受到静电的干扰损坏及热损坏，有机注塑元器件的最大弱点是不能承受高温。

易损元器件的焊接技巧如下：

1）焊接前，做好易损元器件的表面清洁、引脚成形和搪锡等准备工作。集成电路的引脚清洁可用无水酒精清洗或用绘图橡皮擦干净，不需用小刀刮或砂纸打磨。

2）选择尖形的烙铁头，保证焊接一个引脚时不会碰到相邻的引脚，不会造成引脚之间的锡焊桥接短路。

3）焊接集成电路或 MOS 器件时，最好使用防静电恒温电烙铁，焊接时间要控制好（每个焊点不超过 3s），切忌长时间反复烫焊，防止由于电烙铁的微弱漏电而损坏集成电路（MOS 器件）或温度过高烫坏集成电路（MOS 器件）。

4）焊接集成电路最好先焊接地端、输出端、电源端，然后再焊输入端。对于那些对温度特别敏感的元器件，可以用镊子夹上蘸有无水乙醇（酒精）的棉球保护元器件根部，使热量尽量少传导到元器件上。

5）焊接有机注塑元器件时少用焊剂，避免焊剂浸入有机注塑元器件的内部而造成元器件的损坏。

6）焊接有机注塑元器件时，不要对其引脚施加压力，焊接时间越短越好，否则极易造成元器件塑性变形，导致元器件性能下降或损坏。示意图如图 5-26 所示。

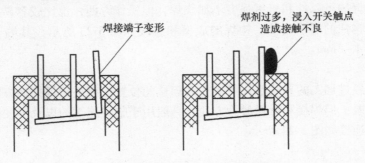

图 5-26 有机注塑元器件的不当焊接

3. 手工表面贴装技术（SMT）

表面安装技术（Surface Mounted Technology，SMT）也称为表面贴装技术、表面组装技术，它是把无引线或短引线的表面安装元件（SMC）和表面安装器件（SMD），直接贴装、焊接到印制电路板或其他基板表面上的装配焊接技术。

（1）焊接分立元器件

用电烙铁手工焊接 SMT 元器件，是一项比较精细的工作，要求焊接操作者掌握熟练的焊接技巧和经验；烙铁头焊接部位应光洁平整，不能有损伤，对于初学者，尖端足够细更好；对焊料也有一定要求，一般选择直径为 0.5mm 或 0.8mm 的焊锡丝。在焊接电阻、电容、二极管等两端分立元器件时，操作步骤如下：

1）如图 5-27a 所示，在电路板的一个焊盘上熔化一点焊锡，将烙铁头停在该焊盘上，注意分立元器件体积较小，焊锡量要控制适当。

2）如图 5-27b 所示，迅速用镊子夹住待焊元器件，将其推到该焊盘中间位置。

3）如图 5-27c 所示，待光滑、光亮焊点形成，撤走电烙铁，初学者焊点形状为斜度很小的坡状；熟练操作后，尽量形成稍有弧度凹陷的焊点形状。

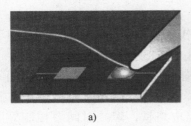 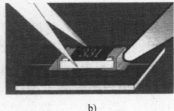 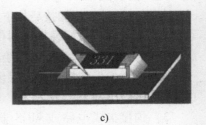

a)   b)   c)

图 5-27 焊接贴片分立元器件

4）待焊点冷却，拿开镊子。

5）用"三步焊接法"完成另外一端焊盘的焊接。

（2）焊接集成电路

1）在焊接 SO、SOL、QFP 型等集成电路时，要点是必须保证芯片的每个电极引脚和印制电路板上的焊盘准确对位，且全部引脚要平整地贴紧对应焊盘，如图 5-28 所示。

焊盘准确对位

引脚贴紧焊盘

图 5-28 集成电路引脚对位要求

2）定位准确后，用电烙铁固定芯片靠端头的几条引脚，如图 5-29 所示，然后再焊接全部引脚。

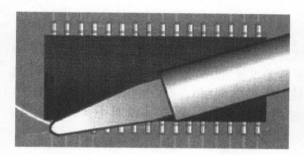
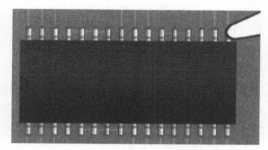

图 5-29 焊接集成电路对角线引脚

3）与焊接分立元器件不同的是，在焊接集成电路的电极引脚时，烙铁尖将沿着芯片的周边，以较快速度滑过各个电极引脚，方法类似前面所述的"拉焊技术"。集成电路的引脚很细，它的热容量也很小，因此，当电烙铁尖在集成电路引脚上滑过时，在助焊剂的作用下，焊料就能很好地浸润。

4）如果焊接时间过长，焊锡丝中间的助焊剂过度挥发，则可能出现引脚间连焊短路现象，此时可用吸锡带将多余焊料吸走，如图 5-30 所示。

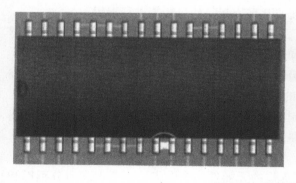
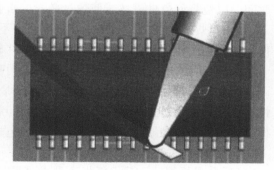

图 5-30 吸锡带处理连焊点

5）涂一点助焊剂，用电烙铁将该焊点修补好，如图 5-31 所示。

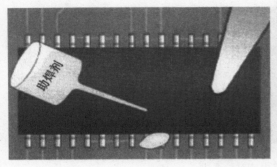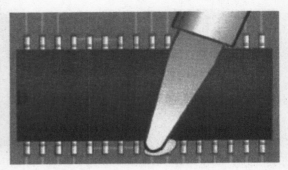

图 5-31　修补连焊点

5.6　拆焊

1. 拆焊的概念

拆焊又称解焊。调试、维修、焊错时，常常需要将导线或元器件从原来焊接安装的位置上拆卸下来，这个过程就是拆焊，它是焊接技术的重要组成部分。拆焊的步骤与焊接的步骤相反，在实际操作中，它比焊接更困难，更需要恰当的方法和工具。如果拆焊不当，很容易损坏元器件，或使电路板铜箔脱落而破坏印制电路板。因此，拆焊技术也是应熟练掌握的一项操作基本功。

2. 拆焊的基本原则

拆焊前一定要弄清楚原焊接点的特点，不要轻易动手，其基本原则为：

1）不损坏待拆除的元器件、导线及周围的元器件。

2）拆焊时不可损坏印制电路板上的焊盘与印制导线。

3）对已判定为损坏元器件的，可先将其引线剪断再拆除，这样可以减少其他损伤。

4）在拆焊过程中，应尽量避免拆动其他元器件或变动其他元器件的位置，如确实需要应做好复原工作。

3. 拆焊的操作要点

1）严格控制加热的温度和时间。因拆焊的加热时间较长，所以要严格控制温度和加热时间，以免将元器件烫坏或使焊盘翘起、断裂。宜采用间隔加热法来进行拆焊。

2）拆焊时不要用力过猛。在高温状态下，元器件封装的强度会下降，尤其是塑封元件，用力过猛地拉、摇、扭都会损坏元器件和焊盘。

3）吸去拆焊点上的焊料。拆焊前，用吸锡工具吸去焊料，有时可以直接将元器件拔下，即使还有少量锡连接，也可以减少拆焊的时间，减少元器件和印制电路板损坏的可能性。在没有吸锡工具的情况下，则可以将印制电路板或能移动的部件倒过来，用电烙铁加热拆焊点，利用重力原理，让焊锡自动流向电烙铁，也能达到部分去锡的目的。

4. 拆焊方法

1）分点拆焊法。分点拆焊法是指对需要拆焊的元器件一个引脚、一个引脚地分别拆卸清理，常用于引脚不多的分立元器件和引脚距离较远的元器件的拆焊。对卧式安装的阻容元件，两个焊接点距离较远，可采用电烙铁分点加热，逐点拔出。如果引线是弯折的，用烙铁头撬直后再行拆除。

拆焊时，将印制电路板竖起，一边用烙铁加热待拆元器件的焊点，一边用镊子或尖嘴钳夹住元器件引线轻轻拉出，如图5-32所示。

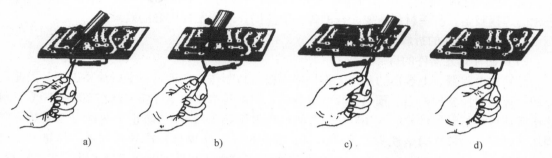

a)　　　　　　　b)　　　　　　　c)　　　　　　　d)

图5-32　分点拆焊法

2）集中拆焊法。集中拆焊法是一次性地拆除一个元器件的所有引脚的拆焊方法。用于拆焊集成电路及其他焊点距离近且引脚集中的元器件，必要时可使用专用工具。

3）断线拆焊法。断线拆焊法是不用电烙铁加热，直接剪断被拆焊的元器件引脚的拆焊方法。然后再拆除焊盘上的元器件引脚或者把新更换的元器件焊接在原焊盘保留的元器件引脚上，如图5-33所示。

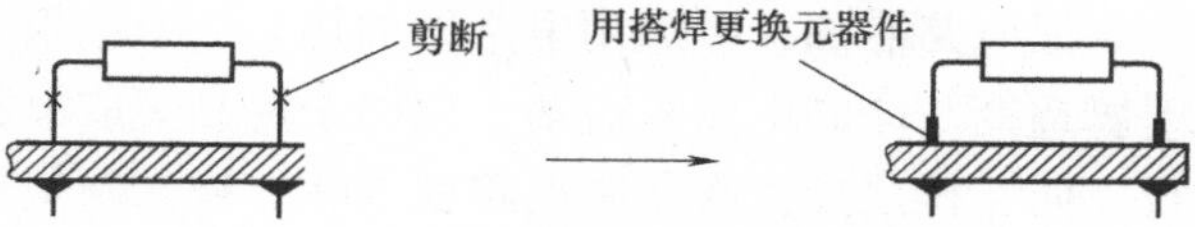

图5-33　断线拆焊法更换元器件

4）剪断拆焊法。被拆焊点上的元器件引线及导线如留有余量，或确定元器件已损坏，可先将元器件或导线剪下，再将焊盘上的线头拆下。

5）保留拆焊法。对需要保留元器件引线和导线端头的拆焊，要求比较严格，也比较麻烦，可用吸锡工具先吸去被拆焊接点外面的焊锡。一般情况下，用吸锡器吸去焊锡后能够拆下元器件。

① 如果遇到多脚插焊件，虽然用吸锡器清除过焊料，但仍不能顺利摘除。这时候细心观察一下，其中哪些引脚没有脱焊，找到后，用清洁而未带焊料的烙铁对引脚进行熔焊，并对引脚轻轻施力，向没有焊锡的方向推开，使引脚与焊盘分离，多脚插焊件即可取下。

② 如果是搭焊的元器件或引线，只要在焊点上沾上助焊剂，用烙铁熔开焊点，元器件的引线或导线即可拆下。如遇到元器件的引线或导线的接头处有绝缘套管，要先退出套管，再进行熔焊。

③ 如果是钩焊的元器件或导线，拆焊时先用烙铁清除焊点的焊锡，再用烙铁加热将钩下的残余焊锡熔开，同时须在钩线方向用铲刀撬起引线，移开烙铁并用平口镊子或钳子矫正。再一次熔焊取下所拆焊件。注意，撬线时不可用力过猛，要注意安全，防止将已熔化的焊锡弹入眼内或衣服上。

④ 如果是绕焊的元器件或引线，则用烙铁熔化焊点，清除焊锡，弄清楚原来的绕向，在烙铁头的加热下，用镊子夹住线头逆绕退出，再调直待用。

6）专用工具及材料拆焊法：

① 专用拆卸工具。专用拆卸工具有空心针管、吸锡器、电烙铁、吸锡电烙铁。空心针管制作材料是不锈钢，与锡难于熔合，将针管套在元器件引脚上达到与焊盘分离的目的。吸锡器将加热成液态化的焊锡吸走。吸锡电烙铁是吸锡器和电烙铁的组合工具。

② 用吸锡材料拆焊。用易与锡熔合的吸锡材料（例如屏蔽线编织层、细铜网等）将液态化的焊锡吸走，吸锡材料需要配合助焊剂的使用，才能发挥更好的效果。

5. 特殊元器件的拆焊

（1）贴片式元器件的拆卸技巧

贴片式电阻器、电容器的基片大多采用陶瓷材料制作，这种材料受碰撞易破裂，因此在拆卸、焊接时应掌握控温、预热、轻触等技巧。控温是指脱焊温度应控制在 200~250℃。预热指将待焊接的元器件先放在 100℃ 左右的环境里预热 1~2min，防止元器件突然受热膨胀损坏。轻触是指操作时烙铁头应先对印制电路板的焊点（焊盘）或导带加热，尽量不要碰到元器件。另外还要控制每次脱焊时间在 3s 左右。该方法和技巧同样适用于贴片式二极管、晶体管的脱焊。

贴片式集成电路的引脚数量多、间距窄、硬度小，如果焊接温度不当，极易造成引脚焊锡短路、虚焊或铜箔脱离印制电路板等故障。拆卸贴片式集成电路时，可将调温电烙铁温度调至 260℃ 左右，用烙铁头配合吸锡器将集成电路引脚焊锡全部吸除后，用尖嘴镊子轻轻插入集成电路底部，一边用电烙铁加热，一边用镊子逐个轻轻提起集成电路引脚，使集成电路引脚逐渐与印制电路板脱离。用镊子提起集成电路的过程一定要随电烙铁加热的部位同步进行，防止操之过急将印制电路板损坏。换入新集成电路前要将原集成电路留下的焊锡全部清除，保证焊盘的平整清洁。然后将待焊集成电路引脚用细砂纸打磨清洁，均匀搪锡，再将待焊集成电路脚位对准印制电路板相应焊点，焊接时用手轻压在集成电路表面，防止集成电路移动；另一只手操作电烙铁蘸适量焊锡将集成电路四角的引脚与印制电路板焊接固定后，再次检查确认集成电路型号与方向，正确后正式焊接全部引脚。待焊点自然冷却后，用毛刷蘸无水酒精再次清洁印制电路板和焊点，防止遗留焊渣。

检修模块印制电路板故障前，宜先用毛刷蘸无水酒精清理印制电路板，清除板上的灰尘、焊渣等杂物，并观察原印制电路板是否存在虚焊或焊渣短路等现象。早发现故障点，节省检修时间。

（2）拆卸扁平封装集成电路的简单方法

取直径为 1mm 左右的铜线 10cm 长，一端弯成小钩，另一端绕到螺钉旋具上便于拉扯。电烙铁头部一定要尖细，以不使集成电路两引脚短接为宜。拆卸集成电路时，将铜线的小钩伸进集成电路内钩住一个引脚，在以后的操作中应尽量使铜线的钩头压贴在印制电路板上，然后把发热的烙铁头压到钩住的引脚上。随着焊锡的熔化，轻轻拉扯铜线的另一端，使铜线的钩子从集成电路引脚与印制电路板间扯出，迅速移去电烙铁，这时集成电路引脚与电路的联系断开。该集成电路引脚仅仅向上移动了 1mm 左右，不会对集成电路造成机械损坏。用这种方法拆卸集成电路大约需要 10min。该方法的不足之处是：有时可能会把印制电路板上的铜箔拉扯开来，所以用力要均匀，电烙铁温度不应太高。

6. 拆焊后重新焊接时应注意的问题

拆焊后一般都要重新焊上元器件或导线，操作时应注意以下三个问题。

1）重新焊接的元器件引线和导线的剪截长度、离底板或印制电路板的高度、弯折形状和方向，都应尽量保持与原来的一致，使电路的分布参数不致发生大的变化。以免使电路的性能受到影响，特别对于高频电子产品更要重视这一点。

2）印制电路板拆焊后，如果焊盘孔被堵塞，应先用锥子或镊子尖端在加热下，从铜箔面将孔穿通，再插进元器件引线或导线进行重焊。特别是单面板，不能用元器件引线从印制面捅穿孔，这样很容易使焊盘铜箔与基板分离，甚至使铜箔断裂。

3）拆焊点重新焊好元器件或导线后，应将因拆焊需要弯折、移动过的元器件恢复原状。一个熟练的维修人员拆焊过的维修点一般是不容易看出来的。

5.7 自动焊接技术

随着电子技术、半导体制造技术和工艺的发展，电子元器件日趋集成化、小型化和微型化，且程度越来越高，越来越复杂。手工焊接已经越来越不能满足焊接要求，取而代之的是新发展起来的自动焊接技术，它可以大大提高工作效率，从而提高劳动生产率和降低成本，还可以使焊点质量具有较高的一致性，目前常用的自动焊接方法有浸焊、波峰焊与再流焊等。

1. 浸焊技术

浸焊是最早期的批量焊接技术，它是将插装好元器件的印制电路板浸入有熔融状焊料的锡锅内，一次性完成印制电路板上所有焊点的自动焊接过程。

（1）浸焊方法

浸焊方法有手工浸焊和机器浸焊两种。

1）手工浸焊。手浸型锡炉在使用过程中，如果不注意保养或错误操作易造成冷焊、短路、假焊等各种问题。在此就手浸型锡炉常见问题及相应对策简述如下：

① 助焊剂的正确使用。助焊剂的质量好坏往往会直接影响焊接质量。另外，助焊剂的活性与浓度对焊接也会产生一定的影响。倘若助焊剂的活性太强或浓度太高，不但造成了助焊剂的浪费，在 PCB 第一次过锡时，会造成零件脚上焊锡残留过多，同样会造成焊锡的浪费。若助焊剂调配得太稀，会使机板吃锡不好及产生焊接不良等情况。调配助焊剂时，一般先用助焊剂原样去试，之后逐步添加稀释剂，直至再添加稀释剂焊接效果会变差时，再稍稍添加稀释剂，一直试直至效果最好时为止，这时用比重计测其比重，以后调配时可把握此值即可。另外，助焊剂在刚倒入助焊槽使用时，可不添加稀释剂，待工作一段时间其浓度略微升高时，再添加稀释剂调配。在工作过程中，因助焊剂往往离锡炉较近，易造成助焊剂中稀释剂的挥发，使助焊剂的浓度升高。所以应经常测量助焊剂的比重，并适时添加稀释剂调配。

② PCB 浸入助焊剂不可太多，尽量避免 PCB 板面触及助焊剂。正常操作应是：助焊剂浸及零件脚的 2/3 左右即可。因为助焊剂的比重比焊锡小许多，所以零件脚浸入锡液时，助焊剂会顺着零件脚往上推，直至 PCB 板面。如果浸入助焊剂过多，不但会造成锡液上助焊剂留有残留污垢影响锡液的质量，而且会造成 PCB 正反面都有大量助焊剂残留。如果助焊剂的抗阻性能不够或遇潮湿环境极易造成导电现象，影响产品质量。

③ 浸锡时应注意操作姿势。尽量避免将 PCB 垂直浸入锡液，当 PCB 垂直浸入锡液时，易造成"浮件"产生。另外容易产生"锡爆"（轻微时会有"扑扑"的声音，严重的会有

锡液溅起。主要原因是 PCB 浸锡前未经预热。当 PCB 上有零件较为密集时，会有冷空气遇热迅速膨胀，从而产生锡爆现象）。正确操作应是将 PCB 与锡液表面呈 30°斜角浸入，当 PCB 与锡液接触时，慢慢向前推动 PCB，使 PCB 与液面呈垂直状态，然后以 30°角拉起。

④ 波峰炉由电动机带动，不断将锡液通过两层网的压力使其喷起，形成波峰。这样使锡铅合金始终处于良好的工作状态。而手浸型锡炉属静态锡炉，因为锡铅的比重不同。长时间的液态静置会使锡铅分离，影响焊接效果，所以在使用过程中应经常搅动锡液（约每 2h 左右搅动一次）。这样会使锡铅合金充分融合，保证焊接效果。

另外，在大量添加锡条时，锡液的局部温度会下降，应暂停工作。等锡炉温度恢复正常后开始工作。最好能有温度计直接测量锡液的温度，因为有些锡炉长期使用已逐渐老化。

手工浸焊的特点为：设备简单、投入少，但效率低，焊接质量与操作人员熟练程度有关，易出现漏焊，焊接有贴片的 PCB 较难取得良好的效果。

2）机器浸焊。机器浸焊是用机器代替手工夹具夹住插装好的 PCB 进行浸焊的方法。当所焊接的电路板面积大、元器件多，无法靠手工夹具夹住浸焊时，可采用机器浸焊。

机器浸焊的过程为：电路板在浸焊机内运行至锡炉上方时，锡炉做上下运动或 PCB 做上下运动，使 PCB 浸入锡炉焊料内，浸入深度为 PCB 厚度的 1/2~2/3，浸锡时间 3~5s，然后 PCB 离开浸锡位，移出浸锡机，完成焊接。该方法主要用于电视机主板等面积较大的电路板焊接，以此代替高波峰机，减少锡渣量，并且板面受热均匀，变形相对较小。

（2）浸焊工艺流程

浸焊的工作示意图如图 5-34 所示。机器浸焊的工艺流程如图 5-35 所示，具体如下：

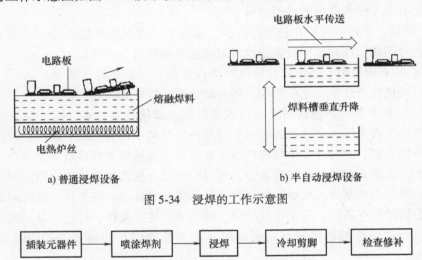

a) 普通浸焊设备　　　　　　　　b) 半自动浸焊设备

图 5-34　浸焊的工作示意图

插装元器件 → 喷涂焊剂 → 浸焊 → 冷却剪脚 → 检查修补

图 5-35　机器浸焊的工艺流程图

1）插装元器件。除不耐高温和不易清洗的元器件外，将所有需要焊接的元器件插装在印制电路板后，安装在具有振动头的专用设备上。进行浸焊的印制电路板只有焊盘可以焊接，印制导线部分被（绿色）阻焊层隔开。

2）喷涂焊剂。经过泡沫助焊槽，将安装好元器件的印制板喷上助焊剂，并经红外加热器或热风机烘干助焊剂。

3）浸焊。由传动设备将喷涂好助焊剂的印制电路板运入至锡炉上方时，锡炉做上下运动或 PCB 做上下运动，使 PCB 浸入锡炉焊料内，浸入深度为 PCB 厚度的 1/2~2/3，浸锡时间 3~5s，然后 PCB 以 15°倾角离开浸锡位，移出浸锡机，完成焊接。锡锅槽内的温度控制在 250℃左右。

4）冷却剪脚。焊接完毕后，进行冷却处理，一般采用风冷方式冷却。待焊点的焊锡完全凝固后，送到切头机上，按标准剪去过长的引脚。一般引脚露出锡面的长度不超过 2mm。

5）检查修补。外观检查有无焊接缺陷，若有少量缺陷，用电烙铁进行手工修复；若缺陷较多，必须重新浸焊。

（3）浸焊操作注意事项

1）注意浸锡锡锅温度的调整。熔化焊料时，锡锅应使用加温档；当锅内焊料已充分熔化后，需及时转向保温档。及时调整锡锅温度，可防止因温度过高造成焊料氧化，并节省电能消耗。

2）及时清理焊料。浸焊操作时，要根据锡锅内熔融状焊料表面杂质含量的多少，确定何时捞出锅内的杂质。在捞出杂质的同时，适当加入一些松香，以保持锡锅槽内的焊料纯度，提高浸焊质量。

3）注意操作安全。浸焊操作人员在工作时，要穿好安全防护服，避免高温烫伤。

4）注意防火。在操作中要用到焊剂、稀释剂，这些都是易燃物品，安全防火工作尤为重要。

2. 波峰焊技术

波峰焊是让插件板的焊接面直接与高温液态锡接触达到焊接目的，其高温液态锡保持一个斜面，并由特殊装置使液态锡形成一道道类似波浪的现象，所以叫"波峰焊"。

波峰焊是一次完成印制电路板上所有焊点的焊接过程，适用于大批量自动化生产。

（1）波峰焊原理

波峰焊是在锡炉浸锡的基础上改进而成的，分为单波峰焊、双波峰焊和空心波峰焊三种。其基本原理如图 5-36 所示。

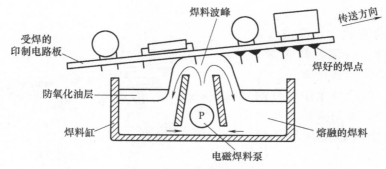

图 5-36　波峰焊基本原理图

在熔锡炉中装有一个电磁泵，使锡液在一个很小的区域内向上喷射成一排波浪状的涌泉。插好零件的印制电路板被锡炉两旁的链状输送带夹着，先通过预热区被热风加热到接近焊接温度，再经过发泡松香炉涂上助焊剂。紧接着再经过熔融焊料形成的波峰而得到焊接。由于焊料液是不断循环流动的，可以保证接触工件时没有氧化膜，同时波峰状的高温锡液是逐排经过焊点的，这种方式也比浸焊时整板施焊更有利于焊接时焊剂产生的大量气体的排出，更能保证各焊点的受焊均匀。锡液波的快速流动对各种氧化物杂质也有冲洗清除的作用，加之全部由机械自动操作完成，因此只要调整好温度、传送速度、工件与焊料波峰的接触深度等状态，波峰焊的焊接质量和速度是手工锡炉浸焊无法比拟的。

（2）波峰焊工艺流程

波峰焊工艺流程如图 5-37 所示，具体如下：

图 5-37　波峰焊工艺流程图

1）焊前准备。焊前准备包括元器件引脚搪锡、成形，印制电路板的准备及清洁等。

2）元器件插装。根据电路要求，将已成形的有关元器件插装在印制电路板上。一般采用半自动插装或全自动插装结合手工插装的流水作业方式。插装完毕，将印制电路板装入波峰焊接机的夹具上。

3）喷涂焊剂。为了去除被焊件表面的氧化物，提高被焊件表面的润湿性，需要在波峰焊之前对被焊件表面喷涂一层助焊剂。其操作过程为：将已装插好元器件的印制电路板，通过能控制速度的运输带送入喷涂焊剂装置，把焊剂均匀地喷涂在印制电路板及元器件引脚上。

焊剂的喷涂形式有：发泡式、喷雾式、喷流式和浸渍式等，其中以发泡式最为常用。

4）预热。预热是对已喷涂焊剂的印制板进行预加热，其目的是去除印制电路板的水分、激活焊剂，减小波峰焊接时给印制电路板带来的热冲击，提高焊接质量。一般预热温度为 70~90℃，预热时间为 40s。可采用热风加热或用红外线加热。

目前波峰焊机基本上采用热辐射方式进行预热，最常用的有强制热风对流、电热板对流、电热棒加热及红外加热等。

5）波峰焊接。波峰焊接槽中的机械泵根据焊接要求，源源不断地泵出熔融焊锡，形成一股平稳的焊料波峰，经喷涂焊剂和预热后的印制电路板，由传送装置送入焊料槽与焊料波峰接触，完成焊接过程。

波峰焊接的方式有：单波（λ波）焊接、双波（扰流波和 λ 波）焊接。通孔插装的元器件常采用单波焊接的方式；混合技术组装件的印制电路板，一般采用双波焊接的方式进行，双波峰焊接如图 5-38 所示。

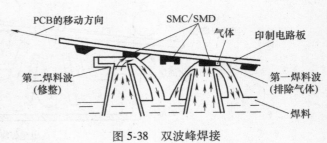

图 5-38　双波峰焊接

6）冷却。印制电路板焊接好后，板面的温度仍然很高，焊点处于半凝固状态，这时轻微的振动都会影响焊点的质量；另外，长时间的高温会损坏元器件和印制电路板。所以，焊接后必须进行冷却处理，可采用自然冷却、风冷或气冷等方式冷却。

7）检验修复。冷却后，从波峰焊接机的夹具上取下印制电路板，人工检验印制电路板有无焊接缺陷。若有少量缺陷，则用电烙铁进行手工修复；若缺陷较多，则必须查找造成焊接缺陷的原因，然后重新焊接。

8）清洗。冷却后，应对印制电路板面残留的焊剂、废渣和污物进行清洗，以免日后残留物侵蚀焊点而影响焊点的质量。目前，常用的清洗法有液相清洗法和气相清洗法，具体如下：

① 液相清洗法。使用无水乙醇、汽油或去离子水等作为清洗剂。清洗时，用刷子蘸清洗剂去清洗印制电路板；或利用加压设备对清洗剂加压，使之形成冲击流去冲击印制电路板，达到清洗的目的。液相清洗法清洗速度快、质量好，有利于实现清洗工序自动化，但清洗设备结构复杂。

② 气相清洗法。使用三氯三氟乙烷或三氯三氟乙烷和乙醇的混合物作为气相清洗剂。清洗方法是：将清洗剂加热到沸腾，把清洗件置于清洗剂蒸气中，清洗剂蒸气在清洗件的表面冷凝并形成液流，液流冲洗掉清洗件表面的污物，使污物随着液流流走，达到清洗的目的。气相清洗法中，清洗件始终接触的是干净的清洗剂蒸气，所以气相清洗法有很高的清洗质量，对元器件无不良影响。废液回收方便，并可以循环使用，减少了溶剂的消耗和对环境的污染，但清洗液的价格昂贵。

（3）波峰焊的特点

波峰焊锡槽内的焊锡表面是非静止的，熔融焊锡在机械泵的作用下，连续不断地泵出并形成波峰，使波峰上的焊料（直接用于焊接的焊料）表面无氧化物，避免了因氧化物的存在而产生的"夹渣"虚焊现象；又由于印制电路板与波峰之间始终处在相对运动状态，所以焊剂蒸气易于挥发，焊接点上不会出现气泡，提高了焊点的质量。

波峰焊的生产效率高，最适合单面印制电路板的大批量焊接，焊接的温度、时间、焊料及焊剂的用量在波峰焊接中均能得到较完善的控制。但波峰焊容易造成焊点桥接的现象，需要使用电烙铁进行手工补焊、修正。

3. 再流焊技术

再流焊又称回流焊，是伴随微型化电子产品的出现而发展起来的焊接技术，主要应用于贴片元器件的焊接。再流焊技术使用具有一定流动性的糊状焊膏，预先在电路板的焊盘上涂上适量和适当形式的焊锡膏，再把贴片元器件粘在印制电路板预定位置上，然后通过加热使焊膏中的粉末状固体焊料熔化，达到将元器件焊接到印制电路板上的目的。

由于焊膏在贴装元器件过程中使用的是流动性的糊状焊膏，这是焊接的第一次流动，焊接时加热焊膏使粉末状固体焊料变成液体（即第二次流动）完成焊接，所以该焊接技术称为再流焊技术。

（1）再流焊设备

再流焊技术是贴片（SMT）元器件的主要焊接方法。目前，使用最广泛的再流焊接机可分为红外式、热风式、红外热风式、气相式、激光式等再流焊接机。

（2）再流焊及其工艺流程

图 5-39 所示为再流焊技术的工艺流程图，具体如下：

图 5-39　再流焊技术的工艺流程图

1）焊前准备。焊接前，准备好需焊接的印制电路板、贴片元器件等材料以及焊接工具；并将粉末状焊料、焊剂、黏合剂制作成糊状焊膏。

2）点膏并贴装元器件。使用手动、半自动或自动丝网印刷机，如同油印一样将焊膏印到印制电路板上。同样，也可以用手动或自动化装置将 SMT 元器件粘贴到印制电路板上，使它们的电极准确地定位于各自的焊盘。这是焊膏的第一次流动。

3）加热、再流。根据焊膏的熔化温度，加热焊膏，使丝印的焊料（如焊膏）熔化而在被焊工件的焊接面上再次流动，达到将元器件焊接到印制电路板上的目的，焊接时的这次熔化流动是第二次流动，称为再流焊。再流焊区的最高温度应控制在使焊膏熔化，且使焊膏中的焊剂和黏合剂汽化并排掉。再流焊的加热方式通常有红外线辐射加热、激光加热、热风循环加热、热板加热及红外光束加热等方式。

4）冷却。焊接完毕后，及时将焊接板冷却，避免长时间的高温损坏元器件和印制电路板，并保证焊点的稳定连接。一般用冷风进行冷却处理。

5）测试。用肉眼查看焊接后的印制电路板有无明显的焊接缺陷，若没有，就再用检测仪器检测焊接情况，判断焊点连接的可靠性及有无焊接缺陷。目前常用的在线测试仪就可以对已装配完成的印制电路板进行电气功能和性能综合的快速测试，可以检测印制电路板有无开、短路，电阻、电容、电感、二极管、晶体管、晶体振荡器等元器件的好坏等。

6）修复、整形。若焊接点出现缺陷或焊接位置有错位现象时，用电烙铁进行手工修复。

7）清洗、烘干。修复、整形后，对印制电路板面残留的焊剂、废渣和污物进行清洗，然后进行烘干处理，去除板面水分并涂敷防潮剂。

（3）再流焊的特点

1）焊接的可靠性高、一致性好、节省焊料。仅在被焊接的元器件的引脚上铺一层薄薄的焊料，一个焊点一个焊点地完成焊接。

2）再流焊是先把元器件粘贴固定在印制电路板上再焊接的过程，所以元器件不容易移位。

3）使用再流焊技术进行焊接时，采用对元器件引脚局部加热的方式完成焊接，因而被焊接的元器件及电路板受到的热冲击小，印制电路板和元器件受热均匀，不会因过热造成元器件和印制电路板的损坏。

4）再流焊技术仅需要在焊接部位施放焊料，并局部加热完成焊接，避免了桥接等焊接缺陷。

5）再流焊技术中，焊料只是一次性使用，不存在反复利用的情况。焊料很纯净，没有杂质，避免了虚焊缺陷，保证了焊点的质量。

第6章

超外差收音机的安装调试工艺

作为电子实习操作的电子产品很多，但超外差收音机电路包含了最基础的几种模拟电路中的典型电路，常言说"麻雀虽小，五脏俱全"，能更全面理论联系实际，锻炼动手能力。

通过本制作我们能获得以下提高：通过对超外差收音机的原理简介及电路分析，对超外差收音机的整个生产过程有一个完整的认识；熟悉超外差收音机的工作原理，对无线电整机装配工艺过程，电子元器件识别、判别、检测有一个完整的实践过程；通过对收音机的调试，掌握一定的调试技巧和维修方法。

6.1 超外差收音机原理分析

1. 无线电广播概述

（1）无线电波

收音机调台能发出声音，电视机调整到某频道能显示出画面和相应的伴音，接收端设备与信号源中间并没有导线相连，信号是靠什么传播的呢？原来就是借助无线电波实现的，需传输的信号通过调制加载到高频载波信号上通过天线发射出去，在接收端通过解调方式把所需信号卸载下来，无线电波的传播速度是 $3×10^5$ km/s。

（2）电磁波

无线电波是一种在有限频带内的电磁波。英国物理学家麦克斯韦在总结前人的基础上提出了电磁理论，预言了电磁场的存在：在变化磁场的周围，能产生变化的电场，如此推演下去，交替变化的电磁场就会像水波一样向远处传播，如图 6-1 所示。1888 年德国物理学家赫兹在实验室证实了电磁场的存在，同时也导致了无线电通信的产生，开辟了电子技术的新纪元。

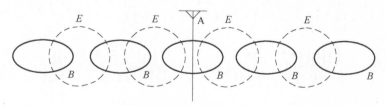

图 6-1　电磁波形成示意图

电磁波包括很多种类，按频率由低到高排列为：无线电波、红外线、可见光、紫外线、X 射线及 γ 射线，如图 6-2 所示。

（3）无线电波的应用及发展

在赫兹发现电磁波的基础上，1901 年意大利物理学家马可尼用摩尔斯电码将字母与信

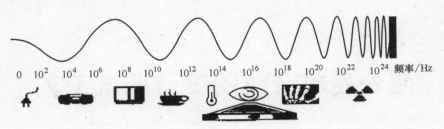

交流电   收音机   电视机 微波炉 红外线 可见光 紫外线 X 射线   γ 射线

图 6-2 电磁波频率应用示意图

号远距离传输，标志着无线电波进入实用阶段。1916 年美国匹斯堡大学老师费森登第一次用无线电波传播声音和音乐信号，1920 年美国匹斯堡 KDKD 广播电台设立。

无线电波根据发展应用于无线广播、无线通信、数据传输、航海航空导航、雷达等。

（4）无线电广播分类

无线电广播是以频率较高的无线电信号（高频载波信号）作为运载工具，将声音信号送到较远的地方。根据调制方式的不同，无线电广播分为两大类：调幅广播（AM）和调频广播（FM）。

调幅广播是以高频载波的幅值来装载音频信号，即用音频信号来调制高频载波信号的幅值，从而使原来为等幅的高频载波信号的幅值随调制信号的幅度变化而变化，频率不发生变化，幅值被音频信号调制过的高频载波信号称为调幅信号。

调频广播是以高频载波的频率来装载音频信号，即用音频信号来调制高频载波信号的频率，从而使原来为等频的高频载波信号的频率随调制信号的幅度变化而变化，幅度不发生变化，频率被音频信号调制过的高频载波信号称为调频信号。

调幅信号和调频信号统称为已调信号，其波形如图 6-3 所示。

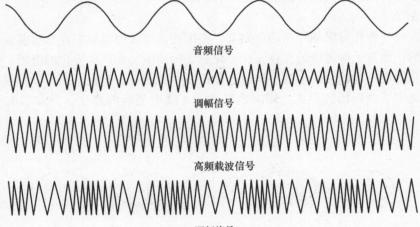

音频信号

调幅信号

高频载波信号

调频信号

图 6-3 调幅信号与调频信号

根据无线电管理规定，调幅广播分为长波 150～415kHz、中波 525～1605kHz、短波 1.6～26.1MHz 三个波段。调幅广播优点是所传播的信号波长比较长、传输距离远、覆盖面积大；缺点是所能传输的音频频带较窄、音质较差、不易传送高保真的音乐节目、抗干扰能力强差。

调频广播都在超高频（VHF）87～108MHz，优点是所能传输的音频频带较宽，宜传播高保真的音乐信号，且抗干扰能力强；其缺点是传输距离短、覆盖范围小，且容易被高大建筑物所阻挡。

2. 超外差收音机的工作原理

（1）超外差收音机的工作原理

收音机是接受无线电广播信号的设备装置。

根据电子元器件的发展，收音机经历了电子管、半导体、集成电路时代。1947年世界第一台半导体收音机诞生于贝尔实验室，1958年我国第一部半导体收音机面世。近年来由于科技的不断进步，新工艺、新技术、新器件的不断出现，收音机已朝着电路的集成化、电子调谐、数字显示、电脑控制及多功能、高指标、使用方便等方向发展。

按照接收原理，收音机又分为直接检波式、高放式、超外差式。因为直接检波式和高放式灵敏度低，音质差，已不再生产使用，现在的调幅收音机基本上都是超外差式。

超外差式是相对直接放大式而言的一种信号处理方式，直接放大式收音机在接收电台载频信号时，是将该电台的频率信号不经过变换直接放大送入检波级。而超外差式收音机无论收听哪一个电台，都是将接收到的电台载频信号经过变频器进行变换，产生一个频率为465kHz的信号，经放大后送入检波级。这个465kHz的信号即为差频信号，常被称为中频信号，中频信号只改变了载频频率，而代表音频的调制信号（包络线）不变，经中频放大器进行放大后，465kHz信号幅度大大增加。由于有了中频放大器的放大，提高了超外差电路的接收性能，它具有灵敏度高、选择性好的特点。

超外差式收音机一般由输入电路、变频器（混频、本机振荡）、中频放大器、检波器、低频放大器和功率放大器组成。图6-4所示是它的原理框图及各级电路的输出波形。波形A、C、D叫调幅波，其中的高频部分叫载频，由高频信号振幅所形成的波形叫调制频率（包络），也就是我们常说的音频。在收音机对接收到的调幅波信号进行处理的过程中，音频信号的频率始终没有改变。

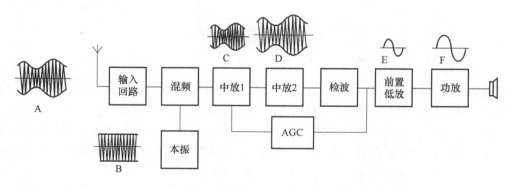

图6-4 超外差收音机原理框图及波形

（2）超外差式收音机的工作过程

由输入回路（或称选择电路、调谐电路）把空中许多无线电广播电台发出的信号选择出一个，送给混频电路。

混频将输入回路送来的已调幅高频载波信号变为中频调幅信号（频率为465kHz），但幅值变化规律不改变，而不管输入的高频载波信号的频率是多少。至于如何保证这一点，下面会在具体的电路中介绍。

中频放大器将中频调幅信号放大到检波器所要求的大小，混频后的频率始终为 465kHz。由检波器将中频信号所携带的音频信号取下来，送给前置低频电压放大电路。

前置低频电压放大电路将检波出来的音频信号进行电压放大，再由功放将音频信号放大到其功率能够推动扬声器或耳机的水平，由扬声器或耳机将音频信号转变为声音。

（3）谐振电路

谐振电路是收音机电路中起着很重要作用的电路，对谐振电路的了解，有助于我们对收音机电路工作原理的理解。谐振电路在电子电路中的应用相当普遍，谐振电路的主要任务是进行选频。在某一频率时，谐振电路有极大（或极小）的电抗，当频率稍有偏离时，电路的电抗就急剧下降（或急剧增加）。根据电路形式，谐振电路分为串联谐振和并联谐振。

1）串联谐振回路。

串联谐振电路也称为串联回路，是由电感 L 和电容 C 串联构成的，故又称 LC 串联回路，电路如图 6-5 所示。电路中 R 可看做电感线圈 L 的电阻，u 为信号源电压。回路电流为信号电压有效值与电路总的阻抗之比。

若信号源的频率为某一 f_0 时，刚好使得感抗与容抗相等，从而使电路中的电流最大，电路的这种状态就称为"谐振"，谐振电路的谐振频率为 $f_0 = 1/(2\pi\sqrt{LC})$。当电路发生谐振时，感抗与容抗相等，电路等效阻抗呈现纯阻性，此点所对应的频率就是固有谐振频率 f_0，此时电路中电流达到最大。回路电流与谐振频率的关系可用如图 6-6 所示的谐振曲线表示。

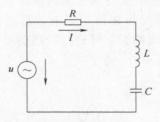

图 6-5 串联回路

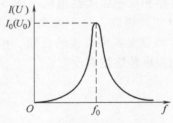

图 6-6 谐振曲线

谐振频率 f_0 与电路参数 L 和 C 有关，而与外加信号无关。也就是说，任何一个 LC 网络，只要电感 L 和电容 C 的数值确定后，这个电路就存在一个固有频率 f_0。至于电路是否会发生谐振，这要取决于外加信号的频率，如果外加信号的频率恰好等于电路固有频率，电路就会发生谐振；反之，电路就不会谐振（失谐）。在实际工作中，为了使某频率的信号产生谐振，可以通过调节电路电感 L 或电容 C 的参数，使电路的固有频率与该信号频率相等，从而达到谐振的目的。

2）并联谐振回路。

在实际电路中，还经常应用 LC 并联谐振电路，电路如图 6-7 所示。图中 u 为信号源电压，电阻 R 不是一个具体的电阻，它可能是电感线圈的电阻，也可能是电

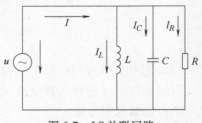

图 6-7 LC 并联回路

容的损耗电阻，或者是谐振电路等效负载电阻。

并联谐振电路与串联谐振回路一样，若 LC 并联回路频率为某一 f_0 时，刚好使得感抗与容抗相等，满足了电路发生谐振的条件。此时回路等效阻抗变为纯阻性且为最大，因此，并联谐振电路两端电压也最大。谐振频率为 $f_0 = 1/(2\pi\sqrt{LC})$。

与串联谐振电路一样，谐振频率 f_0 与电路参数 L 和 C 有关，而与外加信号无关。也可用谐振曲线表示电路的选频能力，并联谐振曲线也如图 6-6 所示。

3）选频特性。

① 串联谐振回路的选频特性。在 RLC 串联电路中，电阻 R 的大小对谐振曲线的形状影响很大。当电路谐振时，由于电抗 $X = X_L - X_C = 0$，所以电路电流只决定于电阻的大小，电阻越小、谐振电流越大，谐振曲线的峰值越高，如图 6-8 所示。由图 6-8 可以明显地看出，当电路谐振曲线平坦时（即 R 较大），对于频率 f_0 和 f_1，电路中产生的电流差别不大，也就是说，在 R 较大时，不仅电路中电流小，而且对不同频率的信号选择性也较差。当电路谐振曲线陡峭时（即 R 较小），回路电流大，对不同频率的信号选择性较好。

谐振曲线越陡峭，电路选择有用信号的能力越强，滤除无用（干扰）信号的性能越好，即电路的选择性越好。为了衡量谐振电路的选频能力，一般用电路谐振时的感抗或容抗与高频损耗电阻 R 的比值来表征，称为谐振电路的品质因数，用 Q 来表示。即 Q = 谐振时的感抗（或容抗）/谐振电路的电阻。

在谐振时，即 $f_0 = 1/(2\pi\sqrt{LC})$，则有 $Q = \sqrt{L/C}/R$，式中直接给出了电阻 R、电感 L、电容 C 与 Q 值的关系。该式说明谐振电路选择性的好坏，不仅取决于电路中的电阻，而且与电感和电容都有关。若电感 L、电容 C 为定值，电阻 R 越小，Q 值就越大，电路的选择性就越好；反之，则电路的选择性越差，如图 6-8 所示。若电阻 R 为定值，L/C 值越大，谐振曲线就越陡峭，Q 值就越高，选择性也越好；反之就越差，如图 6-9 所示。

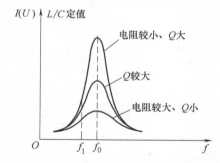

图 6-8　电阻值的大小对 Q 值的影响

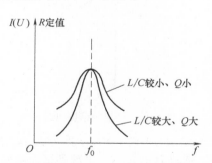

图 6-9　L/C 的大小对 Q 值的影响

② 并联谐振回路的选频特性。并联谐振回路的选频能力同样可用 Q 值（谐振电路的品质因数）的高低来表示。回路谐振时阻抗为纯阻性，$Z_0 = L/(RC)$，且为最大，谐振电流 I_0 为最小。此时电感支路电流 I_L 或电容支路电流 I_C 是谐振电流 I_0 的 Q 倍。谐振时，同样可得 $Q = \sqrt{L/C}/R$。

并联回路与串联回路一样，选频特性不但与回路电阻 R 值有关，而且与 L/C 的比值有关。当 L/C 为定值，若电阻 R 值较大时，对不同频率的信号选择性较差；若电阻 R 值较小时，对不同频率的信号选择性较好。当电阻 R 为定值，若 L/C 较大，对不同频率的信号选择性较好；若 L/C 较小，对不同频率的信号选择性也较差。

4）通频带。

虽然谐振曲线越陡峭，电路的选择性越好，但是，电台发射的载频调幅信号并不是单一频率，而是以载频 f_0 为中心、占有一定频带宽度的频谱。也就是说，收音机在接收广播信号时，应把广播信号的频谱全部接收下来，才不致引起频率失真。音频大约在 10kHz，为此广播电台发射的信号是以载频 f_0 为中心，左右各占 10kHz 的频谱，如图 6-10 所示。

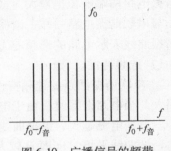

图 6-10　广播信号的频带

为了使收音机更好地还原音频信号，要求收音机对频谱内的信号具有相同的接收能力，也就是说，谐振曲线形状应是个矩形，如图 6-11 所示。这样只要在频带范围内的信号都在电路中产生很大的电流，而在频带外的信号全部被抑制。但实际的谐振曲线的形状不可能达到矩形，而是类似山峰状，矩形只是理想的谐振曲线。

在谐振电路中，当信号频率向谐振频率 f_0 两侧偏离时，电流（或电压）从最大值 $I_0(U_0)$ 下降到 $0.707I_0(U_0)$ 所对应的频率范围，称为谐振电路的频带宽度，简称带宽，用字母 B 表示，如图 6-12 所示。从图 6-12 中可以看到，电路的品质因数 Q 越大，谐振曲线越陡峭，带宽越窄。一般来讲，谐振电路的带宽应大于信号带宽，收音机才能得到较满意的收听效果。因此，为了保证一定的频带宽度，在调试电路时，就需要使 Q 值稍低些，使谐振曲线平坦一些。

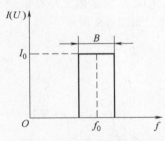

图 6-11　理想的谐振曲线

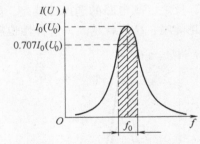

图 6-12　谐振曲线的通频带

5）通过以上介绍，了解到谐振电路的一些重要特征：

① 当信号频率等于回路的固有频率时，电路才发生谐振。

② 串联谐振时，回路阻抗最小，电流最大。

③ 并联谐振时，回路阻抗最大，电压最高。

④ 当信号频率偏离谐振频率时，电流（或电压）急剧衰减，表明回路具有选频能力。

6.2　HX108-2 型超外差收音机的工作原理分析

HX108-2 型七晶体管超外差中波调幅收音机电路如图 6-13 所示。

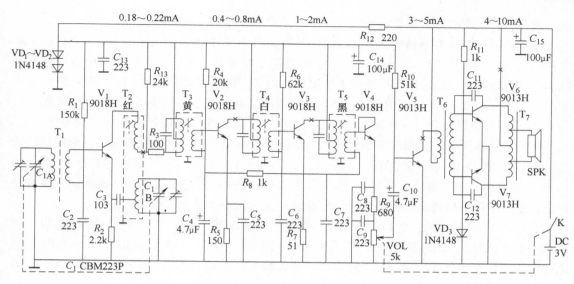

图 6-13 HX108-2 型收音机电路图

1. 调谐电路

调谐电路由磁性天线 T_1 的一次绕组 L_1（L_1 和 L_2 是分别绕在磁棒上的两组线圈）、双联可调电容中的 C_{1A} 及微调电容 C'_{1A} 组成的串联型谐振电路，其特点是阻抗小、灵敏度高。

磁棒的磁导率很高，当它平行于电磁场的传播方向时，就能大量地聚集空间的磁力线，使绕在磁棒上的调谐线圈 L_1 感应出较强的外来信号，调节双联的可变电容 C_{1A} 的容量从最大到最小，使调谐回路的振荡频率从 525～1605kHz 连续变化。调谐回路的作用就是调节其自身的频率使它与空中的某个电台使用的广播频率相一致，从而在电路中产生最大的感应电流，以达到调谐的作用。调谐电路如图 6-14 所示。

2. 变频电路

变频电路是超外差收音机电路中较关键的部分，其工作正常与否和指标的优劣将直接影响后级电路和整机的性能。变频电路担负着将高频电台信号变成固定中频 465kHz 信号的作用。

图 6-15 所示为变频电路，图中 V_1 是变频晶体管，T_2 是本机振荡变压器，双联电容中

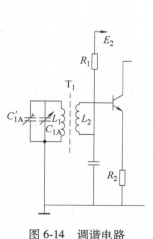

图 6-14 调谐电路

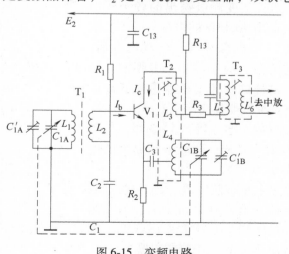

图 6-15 变频电路

的本机振荡可调电容 C_{1B} 及微调电容 C'_{1B}，T_3 是中频变压器（又叫中周）。

接通电源的瞬间有基极电流 I_b 注入 V_1 基极，由于 V_1 的放大作用在 V_1 的集电极产生集电极电流 I_c，而电感 L_3（T_2 一次绕组）中的电流不能突变，突然增大的集电极电流使电感线圈 L_3 阻抗较大，在 L_3 两端产生较大的电压，因 T_2 变压器作用在 L_4（T_2 二次绕组）也产生较大的电压，使 L_4 与可调电容 C_{1B} 及微调电容 C'_{1B} 组成的谐振电路自激振荡，振荡由 L_4 与 C_{1B}、C'_{1B} 的参数决定，一旦集电极电流趋于稳定，L_3 两端的电压降至最小，振荡将停止。为了使振荡维持下去，必须有不断的外力。本机振荡电路产生的自激振荡信号一路经地线通过 C_2 耦合，再经 T_1 的二次绕组 L_2 加到 V_1 变频晶体管的基极；另一路通过电容 C_3 耦合到 V_1 的发射极，经晶体管放大后使 L_3 两端的电压再次变化，由变压器耦合再次激励振荡电路振荡，并将振荡信号再次放大，如此循环往复，使本机振荡维持下去。

变频时，电台信号 $f_入$ 经 L_1、C_{1A}、C'_{1A} 组成的调谐电路选定，经 L_2 耦合到 V_1 基极，同时本机振荡信号 $f_本$ 经 C_3 耦合到 V_1 的发射极，两个信号在 V_1 中变频后再放大，经 L_3 送到选频负载中频变压器 T_3，由 T_3 中的选频回路选频得到差频 $f_本 - f_入 = 465\text{kHz}$ 信号，经 T_3 耦合到下一级中频放大电路。

电路中的 C_{1A}、C_{1B} 是双联中同时关联可变的电容，保证 $f_入$ 和 $f_本$ 同时变化，且保证 $f_本 - f_入 = 465\text{kHz}$。

电路中 C'_{1A}、C'_{1B} 为补偿电容，为保证整个收音机频段内的差频一致而设置的微调电容，在收音机统调时要用到。C_2 为高频旁路电容，C_3 为耦合电容，R_1、R_2 为 V_1 的偏置电阻。

变频电路要求在对高频信号变频和放大时原包络的音频成分不能有畸变，差频一致性好，信号有一定的放大，噪声系数要小，不能对其他电路有干扰，工作要稳定。

3. 中频放大电路

中频放大电路是指变频输出至振幅检波器之间的电路，其作用是放大中频信号，它是收音机的"心脏"，对收音机的灵敏度、选择性及声音质量都有直接影响。中频放大器应具有增益高、稳定性好、选择性优良、通频带较宽等特点。

中频放大电路由中频变压器（也称中周或中频滤波器）和中频放大器组成。中频变压器在一次侧设有调谐 465kHz 的单调谐回路，负责从变频级送出的各个频率信号中选出 465kHz 的中频信号。二次侧只有一个耦合线圈，经过调谐后，得到的谐振曲线很陡峭，中频信号经过几只这样的中频变压器重复滤波以后，选择性就能提高。

中频放大器一般为 $1 \sim 3$ 级，每级增益为 $25 \sim 35\text{dB}$。两级中频放大的电路如图 6-16 所示。

中频电路有两级放大，三次选频，相关电路元器件有中频变压器 T_3、第一中放晶体管 V_2、中频变压器 T_4、第二中放晶体管 V_3、中频变压器 T_5。

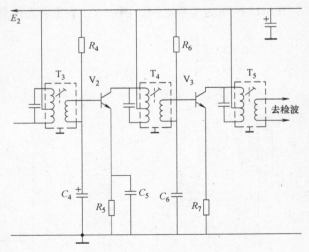

图 6-16　两级中频放大电路

第一级中频选频网络（中频变压器 T_3）从变频管的输出信号中选出中频信号，通过二次绕组耦合到第一中放晶体管 V_2 的基极。经 V_2 放大后的中频信号，又经过第二级中频选频网络（中频变压器 T_4）选频并耦合到第二中放晶体管 V_3 的基极再次进行放大，由第三级中频选频网络（中频变压器 T_5）再次选频后送到检波级进行检波。

如图 6-16 所示，中频变压器 $T_3 \sim T_5$ 的一次绕组分别和与之并联的电容器组成 LC 调谐回路。调节磁心，改变线圈的电感量，使回路谐振于 465kHz 的中频，回路对中频信号呈现的阻抗最大，因而有较高的放大量，中频电压通过一、二次绕组之间的电感耦合，到中放管的基极。谐振回路对非 465kHz 谐振频率信号的阻抗很小，从而达到选择中频的目的。中频变压器的另一个任务是阻抗变换，要提高增益，必须使阻抗匹配。中频变压器的一次抽头位置和二次绕组正是根据阻抗匹配的要求来确定的。

电路并联谐振时，阻抗呈现最大值，为了保证中频放大级的通频带，谐振电路的 Q 值要合适，Q 值越高，选择性越好，但频带变窄。若 Q 值很低，通频带变宽，但收音机的选择性变差，收听广播时会出现串台现象。

经变频器变频后，送入中频放大器的中频信号仍然是调幅波，其中心载频 f_0 为 465kHz，而中心频率两边还占有一定宽度的频谱。如中波广播电台的频谱宽为 9kHz，即送入中频放大器的信号频率是 $460.5 \sim 469.5$kHz。为了使放大后的中频信号不失真，就要求中频放大器对送进来的中频信号的各频谱成分有同样的放大作用，对频谱以外的干扰信号不予放大。一般用中频变压器或陶瓷滤波器来完成这一任务，如图 6-17a 所示。当中频变压器设计得不好或得到的谐振曲线过于陡峭时，抑制了 f_1 电台，选择性好了，但会使通频带压缩，无法使 $460.5 \sim 469.5$kHz 的信号通过，整机频率响应变差。图 6-17b 所示的谐振曲线比较合适，既满足了通频带的要求，又具有良好的选择性，与 f_0 相邻的电台 f_1 所产生的谐振电压较低，使 f_1 电台得到抑制。图 6-17c 所示的谐振曲线 Q 值较小，虽然通频带比较宽，但选择性变差了，f_0、f_1 两个电台获得的谐振电压比较接近，经变压器耦合，同时被送到下一级，即出现了串台现象。

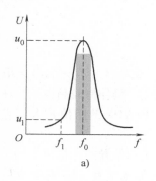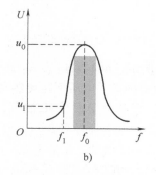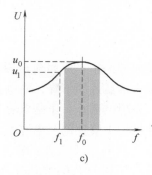

图 6-17　通频带与选择性

中频放大电路位于变频级之后，它是对固定的 465kHz 中频信号进行放大以满足检波的需要。该部分电路直接影响到收音机的灵敏度、选择性和声音质量。

下一级检波电路要求信号电压要达到 0.5V 以上，变频级输出的微弱的中频信号通过 V_2、V_3 两级中频放大有 $60 \sim 70$dB 的增益，满足了检波电路对输入信号的要求。

4. 检波及 AGC 电路

（1）检波电路

检波电路是由 V_4 发射结、C_8、R_9、C_9、音量电位器 VOL 组成。检波电路如图 6-18 所示。完成检波功能的电路又叫检波器。检波功能可以由二极管或晶体管来实现。将 V_4 集电极与基极相连，单独的发射结等同于二极管，把中频信号由晶体管基极输入，发射极输出，利用发射结的单向导电性来完成的，故称晶体管检波器。由于晶体管具有放大作用，能够把检波与放大适当地结合起来，使电路的功率损失大为减小，整机增益提高。利用二极管的单向导电性从 V_4 发射极检波输出正半周的中波信号，它包括直流分量、音频分量和残余中频分量。经由 C_8、

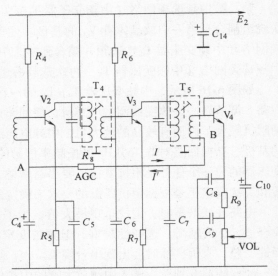

图 6-18　检波电路和 AGC 控制电路

R_9、C_9 组成的 π 型滤波器滤除残余中频分量后得到一个中频调幅波的包络线即音频信号。VOL 是检波器的负载，经该电位器选取的音频送到下一级前置低频电压放大电路进行处理。检波器的检波过程如图 6-19 所示。

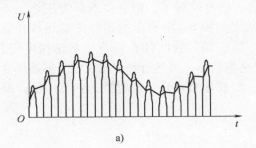
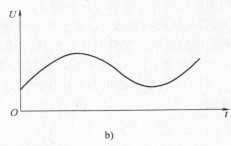

图 6-19　检波器的检波过程

频调幅波的正半周如图 6-19a 所示。同时对电容 C_8 进行充电，一直充到最大值，当电压达到最大值后逐渐下降，而电容器两端的电压不能突然变化，仍保持较高电压。在波形的负半周，发射结截止，于是电容 C_8 便通过负载 VOL 放电，因 VOL 的阻值较大，放电速度很慢，在波形下降期间，电容 C_8 上的电压降得不多。

由变压器 T_5 耦合过来的中频调幅波信号，正半周使 V_4 发射结导通，检出中当下一个周期来到并升高到大于 C_8 两端电压时，再次对电容 C_8 充电。如此重复，C_8 两端也就是负载 VOL 两端便保持了一个较为平滑的电压。由于本电路采用的是 π 型滤波器，在波形正半周二极管导通时，同时给电容 C_8、C_9 充电，并充到最大值。波形下降直至下一个正半周到来，电容 C_8 和 C_9 又同时通过电阻 VOL 放电，因 C_8、C_9 两端电压都不能突变，所以在负载电阻 VOL 两端就得到了一个更加平滑的电压，如图 6-19b 所示，完成了音频信号的还原。还原的音频信号在可变电阻器 VOL 上取出，通过调节可变电阻器的滑动端，控制送入低频放大级信号的强弱，由此实现收音机音量的控制。此信号由电容 C_{10} 耦合送入低频放大级。

（2）AGC 自动增益控制电路

AGC 自动增益控制电路由 R_8、C_7、C_4 组成，如图 6-18 所示。因为电台发射功率不同，距离远近不同及接收环境也有差异，造成收音机在接受电台信号时时强时弱。特别是强信号时，各级晶体管因输入的信号过强而产生难以忍受的阻塞失真，为了减少这些影响，在收音机中设置 AGC 自动增益控制电路。

从中频变压器 T_5 二次绕组下端引出的中频信号经 C_7、R_8 滤除中频及音频分量后，将直流分量电压加到 C_4 上从而控制第一级中放管 V_2 的基极电压。无信号或信号变化时，R_8 上有自左向右微弱的电流 I；当外来信号加强时，晶体管 V_2、V_3 的基极电压将升高，V_3 的集电极电流增大，B 点电位升高，R_8 上有自右向左微弱的反向电流 I'，从而降低了 A 点电压，使 V_2 基极电压趋于正常，达到了自动增益控制的作用。R_8、C_4 的乘积决定了 AGC 控制速度的快慢，乘积越大，控制速度越慢，乘积越小，控制速度越快。

5. 前置低频电压放大电路

前置低频电压放大电路是对音频小信号进行的电压放大。其主要元器件有晶体管 V_5、输入变压器 T_6。

如图 6-20 所示，从检波电路中音量电位器上选取的音频信号通过电解电容 C_{10} 耦合到晶体管 V_5 的基极，由 V_5 组成的共射极单管前置放大器放大之后又由 V_5 的集电极输出，经输入变压器 T_6 耦合到下一级功放电路。输入变压器 T_6 可改善阻抗匹配程度，从而提高晶体管 V_5 的输出信号，激励功率放大器输出足够的功率。

6. 功放电路

功放电路的作用是将前置低频电压放大电路送来的音频信号进行功率放大，将功率放大到足以推动扬声器发出声音，也叫功率放大器。

收音机中最常用的功率放大器有甲类（A 类）、推挽乙类（B 类）和无变压器功率放大器三种。

1）甲类功放中，末级是由单只晶体管放大输出信号波形的全部，静态工作点设置高、保真度高，但工作效率低，大部分功率消耗在晶体管上，只有在小功率输出时才采用。

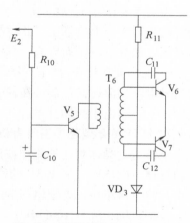

图 6-20 前置低频电压放大电路

2）推挽电路中，末级由上下两只晶体管担当放大输出，静态工作点设置很低，又称甲乙类、AB 类放大电路。两只管子轮流工作，分别放大输出信号波形的正负半周，像两个人在拉锯，因此形象地称为推挽电路。其输出幅度是甲类功放的两倍，保真度一般，存在交越失真，但工作效率很高。

3）无变压器功率放大器（简称 OTL 电路）是在推挽电路的基础上发展起来的新型电路。该电路由于没有变压器，而是采用直接耦合式，提高了效率，拓宽了频带，使信号的高低音都比较饱满，同时避免了变压器的损耗、相移、频率特性差等缺点，频率响应好、失真小，被称为高保真电路。在高档收音机中常采用此电路。

本收音机功放电路采用的是由输入变压器 T_6、晶体极管 V_6、晶体管 V_7、输出变压器 T_7 组成的典型的甲乙类推挽式功率放大电路，如图 6-21 所示。

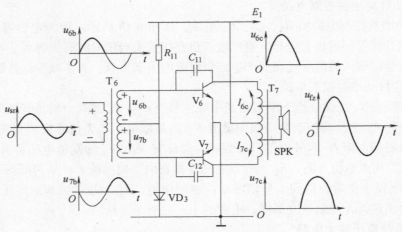

图 6-21　推挽放大器及波形

其工作原理是：当输入变压器 T_6 的一次绕组加有低频信号（假设是正弦交流信号）时，在正半周，一次绕组上端正、下端负，二次两半线圈将感应出两个大小相等的低频信号，也是上正下负，此时晶体管 V_6 的基极为正，晶体管 V_7 的基极为负，晶体管 V_6 的基极因加有正电压而导通，晶体管 V_7 的基极为负电压而截至，晶体管 V_6 的集电极电流 I_{6c} 流过输出变压器 T_7 的上半线圈，输出变压器下半线圈便感应出正半周信号电流，流过扬声器。

当输入变压器 T_6 的一次绕组上端负、下端正，二次两半线圈将感应出两个大小相等的低频信号，将是上负下正，此时晶体管 V_7 的基极为正，晶体管 V_6 的基极为负，晶体管 V_7 的基极因加有正电压而导通，晶体管 V_6 的基极为负电压而截止，晶体管 V_7 的集电极电流 I_{7c} 流过输出变压器 T_7 的下半线圈，其方向与 I_{6c} 相反，输出变压器上半线圈便感应出负半周信号电流，流过扬声器。在输入信号的一个完整周期内，将有一个完整的输出信号加载到扬声器上，而由于晶体管 V_6、V_7 的放大作用，使加载到扬声器的信号比输入信号大很多。

7. HX108-2 型超外差收音机的技术指标

该机为七晶体管超外差中波调幅收音机，采用全硅管标准两级中放电路，用两只二极管正向导通时的压降完成 1.3V 的稳压，给变频电路、中放电路和低频电压放大电路提供工作电压，收音机不会因电池电压的降低而影响整机的灵敏度，使收音机能正常工作。具体为：

频率范围：525~1605kHz；

中频频率：465kHz；

灵敏度：≤2mV/m，信噪比 S/N=20dB；

扬声器：ϕ57mm，8Ω；

输出功率：50MW；

电源：3V（两节 5 号电池）。

6.3　HX108-2 型超外差收音机的安装

1. 检测元器件

检查并会使用万用表测试元器件。

熟练掌握用万用表测量元器件，万用表的使用方法见前述，初步元器件测量数据见表 6-1，具体如下：

表 6-1　初步元器件测量数据

类别	测量内容	万用表量程
电阻 R	电阻值	×10、×100、×1k
电容 C	电容绝缘电阻	×10k
晶体管 h_{FE}	晶体管放大倍数 9018H（97～146），9013H（144～202）	h_{FE}
二极管	正、反向电阻	×1k
振荡线圈（中周）	红 4Ω 0.3Ω 白 1.8Ω 3.8Ω 0.4Ω 0.4Ω　黄 2Ω 4Ω 黑 2Ω 4.5Ω 0.3Ω 1Ω 一、二次侧为无穷大	×1
输入变压器（蓝色）	90Ω 90Ω 220Ω	×1
输出变压器（红色）	0.9Ω 0.9Ω 0.4Ω 0.4Ω 1Ω自耦变压器 无一、二次	×1
天线线圈	一次线圈 二级线圈 L_1 L_2 1 13Ω 2 3 3Ω 4	×1

1）电阻器。根据色环电阻判断阻值，选定万用表电阻档的合适档位，读出阻值以验证根据色环判断出的阻值和误差是否准确；改变档位选择，直至合适的档位，读出表头数值给出电阻应有的色环表示。

2）电容器。测电容绝缘电阻，对电解电容除了检测容量及漏电现象，还要注意其极性，以免安装时极性装反。

3）二极管。正向电阻应为 5kΩ 左右，反向电阻 ∞（无穷大）。

4）晶体管。用万用表测晶体管放大倍数 h_{FE}，与根据型号标识给出的 h_{FE} 作对比。

5）振荡线圈及中周变压器。用万用表电阻档分别测量一次绕组三个引脚中的任意两个引脚之间应有小于 10Ω 的电阻，二次绕组两引脚之间应有不超过 1Ω 的电阻，不应有断路；且任一引脚与外壳之间电阻无穷大，不应短路。

6）输入、输出变压器。输入变压器两个绕组之间不相通，用万用表 R×1 档测量，测输入变压器 T_6 输入端绕组电阻 220Ω，T_6 输出端绕组两端与中间端子之间电阻分别为 90Ω。输出变压器 T_7 为自耦变压器，其输入端、输出端是一个绕组，而不应该有开路。

7）天线线圈。匝数较多的为初级线圈，匝数较少的为次级线圈，初级线圈之间电阻为

13Ω，次级线圈之间电阻为 3Ω。

2. 主板机芯组件的加工工艺

（1）印制板

1）元器件安装面。印制板元器件安装面如图 6-22 所示，各类元器件在印制板上的安装标识如下：

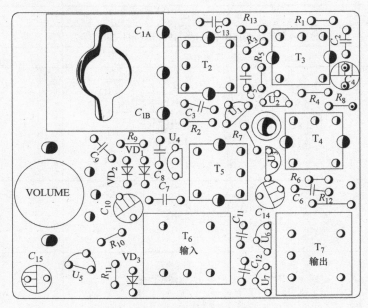

图 6-22　印制板元器件安装面

① 电阻是一有 "R_X" 标识的短线段，X 分别为 1~13，将相应位号的电阻安装在元件面相应标识处。例如图中的 R_8。

② 元片电容是有位号 "C_X" 标识的电容，其符号与电路图中的一致，X 为相应数字，例如图中的 C_6。

③ 电解电容也是有位号 "C_X" 标识的电容，其符号是 "●" 图形，阴影这一端插入电解电容负极，例如图中 C_{15}。

④ 二极管是有位号 "VD_X" 标识，其符号与电路图中的符号相近，安装注意极性，例如图中的 VD_3。

⑤ 晶体管有位号 "V_X" 标识，其符号是半圆，表示与晶体管的俯视图相重叠、相一致，例如图中 V_7。

⑥ 振荡线圈与三个中周变压器的位号分别是 T_2、T_3、T_4、T_5，都是方框图形标志，表示元件外部的屏蔽罩，极易混淆，容易装错。

⑦ 输入、输出变压器位号分别为 T_6 INPUT、T_7 OUTPUT，都是五个引脚，也容易装反。

⑧ 带开关的电位器装在有 "VOLUME" 标识的位置上。

⑨ 双联电容的三个引脚装在有 "C_{1A} C_{1B}" 标识的位置上，C_{1A}、C_{1B} 不是两个分离的元片电容，而是表示装配在双联内部的两个可变电容。

⑩ 天线线圈 B_1 也是安装在机芯组件上的。

2）印制线面。印制线面如图 6-23 所示，也就是元件焊接面，每一个铜箔表示是一根导线，焊接在同一个铜箔上的任意一个焊盘上的元器件引脚之间都是相通的。板面除焊盘之外覆盖的绿色涂层是阻焊剂，阻焊剂是焊料、助焊剂和被焊材料无法融合的材料，属于耐高温材料，在电路板上用于保护不需要焊接的部分，而使焊接在只需要焊接的点上进行，从而避免了焊接过程中出现的桥接、短路现象。此外涂覆层覆盖在铜箔上防止了铜箔的氧化和免受其他化学品的腐蚀。

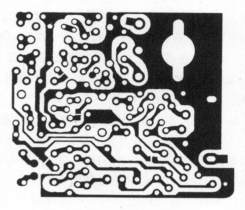

图 6-23 印制板印制线面

（2）印制板上要安装的元器件识别

1）电阻类。电阻的识别是按色标法识别的，色环标注法颜色的定义见表 6-2。电阻色环识别法的单位是电阻的最小单位欧姆（Ω），电阻的单位换算：$1M\Omega = 1 \times 10^3 k\Omega = 1 \times 10^6 \Omega$；第一、第二色环代表有效数字，第三色环代表 0 的个数或者 10 的次方数，第四个色环代表误差。电阻色环示意图如图 6-24 所示。

表 6-2 色环标注法颜色的定义

色环颜色	棕	红	橙	黄	绿	蓝	紫	灰	白	黑	金	银
有效数字	1	2	3	4	5	6	7	8	9	0		
10 次方数	10^1	10^2	10^3	10^4	10^5	10^6	10^7	10^8	10^9	10^0	10^{-1}	10^{-2}
误差	$\pm 1\%$	$\pm 2\%$			$\pm 0.5\%$	$\pm 0.25\%$	$\pm 0.1\%$				$\pm 5\%$	$\pm 10\%$

例如：$150k\Omega = 15 \times 10^4 \Omega$ 色环表示：棕绿黄金

$2K2 = 2.2k\Omega = 2200\Omega$ 色环表示：红红红金

100Ω 色环表示：棕黑棕金

51Ω 色环表示：绿棕黑金

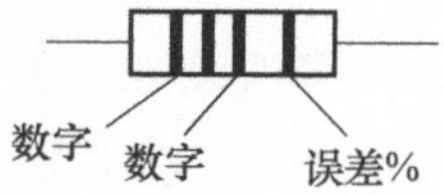

图 6-24 电阻色环示意图

2）元片电容类。元片电容采用直接标注识别法，使用的单位是电容的 pF 单位，电容单位换算：$1F = 1 \times 10^6 \mu F = 1 \times 10^{12} pF$。第一、第二个数字是电容容量的前两个有效数字，第三个数 0 的个数或者 10 的次方数。如图 6-25 所示。

例如：元片电容标注 223，其容量是 $22 \times 10^3 pF$，即 $22 \times 10^{-3} \mu F$（$0.022 \mu F$）

3）电解电容类。电解电容示意图如图 6-26 所示。电解电容的容量直接标注在电容体

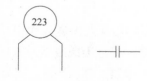

图 6-25 元片电容标注示意图

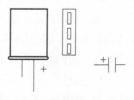

图 6-26 电解电容标注示意图

上，在电容体上还有额定电压标注，例如：C_4 4.7μF 50V。电解电容是有正负极性的元器件，对于新的电解电容，引脚较长的一端是正极；对于两个引脚一样长的电容，其中一脚侧面电容体上有多个 "−" 标志的一端为电解电容的负极。

4）二极管。二极管示意图如图 6-27 所示。二极管用直观法判断极性：有黑色圆环的这一端极性为负极。二极管根据所用半导体材料不同分为锗材料二极管和硅材料二极管，锗材料二极管导通时二极管正向压降为 0.2~0.3V，硅材料二极管导通时二极管正向压降为 0.6~0.7V。本机使用 3 只 1N4148 二极管，它采用的是硅材料。

5）晶体管。晶体管示意图如图 6-28 所示。晶体管的型号标注在管体上，本机共使用 7 只晶体管，其中 4 只 S9018H、3 只 S9013H。晶体管 S9018H 是 NPN 硅通用高频低噪声宽带晶体管，β 为 97~146；晶体管 S9013H 是 NPN 型小功率低频晶体管，β 为 144~202，主要用途作为音频放大和收音机 1W 推挽输出以及开关等。

6）振荡线圈及中频变压器。振荡线圈内部电路示意图如图 6-29 所示，中频变压器内部电路示意图如图 6-30 所示。

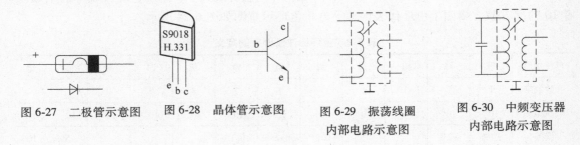

图 6-27　二极管示意图　　图 6-28　晶体管示意图　　图 6-29　振荡线圈内部电路示意图　　图 6-30　中频变压器内部电路示意图

虽然说一只振荡线圈和三只中频变压器从外观上大致一样，但还是有区别的：①内部电路不一样：中频变压器一次绕组和电容组成谐振电路，电容安装在中频变压器内部，而振荡线圈则没有，从四个元器件的底端看可区别开来；②从顶端瓷帽颜色区分：振荡线圈是红色瓷帽，3 个中频变压器 T_3、T_4、T_5 的瓷帽颜色分别是黄、白、黑，3 个中频变压器虽然都是谐振在 465kHz，但是它们的其他参数不同，不能相互替换，也要严格区分开来。

a) 输入变压器　　b) 输出变压器

图 6-31　输入、输出变压器内部电路示意图

7）输入、输出变压器。输入、输出变压器分别如图 6-31a、b 所示。输入、输出变压器都属于音频变压器，都是铁心变压器，输入变压器有两组独立的线圈，输出变压器是一组线圈有 5 个抽头端子。从颜色上区分：输入变压器是蓝、绿，输出变压器是黄、红。

8）磁性天线线圈。如图 6-32 所示。磁性天线线圈起着接收无线电波的作用。两组漆包线线圈绕在骨架上，并套在铁氧体或铁粉材料制成的磁棒外。磁性天线线圈对电磁波的吸收能力很强，磁力线通过它就好像很多棉纱线被一个铁箍束得很紧一样。因此，在线圈内能够感应出比较高的高频电压，所以磁性天线兼有放大高频信号的作用。此外，磁性天线还有较强的方向性,使得收音机转动某一方向时,声音最响,并能够提高收音机的抗干扰能力。磁棒硬度较高但是很脆易碎,应防止摔断而报废。两组漆包线颜色有微小的差别,应仔细辨认,初级线圈绕组匝数较多,次级线圈绕组匝数较少。并根据电路图、装配图仔细分辨四个引脚的焊接位置。两组线圈的四个引脚为了便于焊接,都做过预加工:浸锡处理,浸锡处理的引脚有一定的长度,在焊接之前应适当剪头,以免多余的浸锡引脚与其他元器件引脚相碰而造成短路。

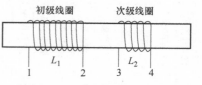

图 6-32　带磁棒的天线线圈

9) 带开关电位器。收音机安装过程中,电位器安装上音量电位器旋钮。带开关电位器有两种组合功能,一是电源开关作用,二是调节音量大小的作用,装好后的收音机顺时针拨动音量电位器旋钮到底,听到"叭"的一声,电源断开,收音机不工作。逆时针拨动电位器旋钮,开始时听到"叭"的一声,电源接通,收音机开始工作,随着旋钮的逆时针旋转,音量逐渐加大,直到最大音量,顺时针旋转时音量逐渐减小,直到关机。

10) 双联电容。双联电容器是可调的组合电容器,内部含有两个可调电容 C_{1A}、C_{1B} 及两个微调电容 C'_{1A}、C'_{1B}。其中,C_{1A}、C_{1B} 两个电容的容量同时减小或增大,用于收音机调台,电台的频率越低,可变电容容量越大;C'_{1A}、C'_{1B}在收音机调试时作调整使用。

(3) 收音机装配

收音机装配图(并附有元器件位号目录及结构件清单)如图 6-33 所示。

认真识别对照清单中所列元器件及零部件,确认有无配件缺少、误装,及时更换补充。

1) 元器件安装前的预加工及安装要求如下:

① 电阻。为了适应收音机体积的小型化,收音机印制板面积较小,电阻跨距也较小,为了避免元器件引脚相碰造成短路,电阻不做卧式安装,所有电阻都要立式安装,所以安装前要做立式加工成型,且色环标识端朝上,如图 6-34 所示。左右安装时,电阻体在左侧。

② 电阻、电容安装时元件体下端离印制板距离 2mm,以免贴得太紧,否则检查或调整时易弄断元件引脚;晶体管安装时元件体下端离印制板距离 5mm。安装时元件的型号标注面要尽量向外、向上,以便于检查。

③ 二极管。二极管的安装采用贴板卧式安装,极性与印制板标志相一致。二极管的安装如图 6-35 所示。

④ 振荡线圈、中周、输入变压器、输出变压器、带开关的电位器,都要插到底安装。振荡线圈、中周插到底后,将屏蔽罩上两引脚勾焊在印制板上,中周 T_5 的一个引脚没有焊盘,不要焊接,否则有可能造成焊锡流到此引脚根部,与屏蔽罩短路。用 M1.7×4 的电位器螺钉将电位器旋钮固定在电位器上。

⑤ 双联电容。双联电容要先套上磁棒支架,再将双联电容装在印制板上,然后用 2 只 M2.5×5 平头螺钉将双联电容固定在印制板上,再进行焊接。如图 6-36 所示。

⑥ 磁性天线线圈。如图 6-37 所示,将套有线圈的磁棒装入磁棒支架,将天线线圈初级线圈"2"端焊接在双联可调电容 C_{1A}端,另一头"1"端焊在双联可调电容中点地;天线线圈次级线圈"4"头焊接在变频晶体管 V_1 的基极,另一头"3"焊在 R_1、C_2 公共点。

元器件位号目录

位号	名称规格	位号	名称规格
R_1	电阻150kΩ	C_{11}	元片电容223pF
R_2	2.2kΩ	C_{12}	元片电容223pF
R_3	100Ω	C_{13}	元片电容223pF
R_4	20kΩ	C_{14}	电解电容100μF
R_5	150Ω	C_{15}	电解电容100μF
R_6	62kΩ	T_1	磁棒B5×13×55
R_7	51Ω	T_2	天线线圈
R_8	1kΩ	T_3	振荡线圈(红)
R_9	680Ω	T_4	中周(黄)
R_{10}	51kΩ	T_5	中周(白)
R_{11}	1kΩ	T_6	中周(黑)
R_{12}	220Ω	T_7	输入变压器(蓝、绿)
R_{13}	24kΩ	VD_1	输出变压器(黄、红)
VOL	双联电位器5kΩ	VD_2	二极管1N4148
C_1	双联CBM223pF	VD_3	二极管1N4148
C_2	元片电容223pF	V_1	晶体管9018H
C_3	元片电容103pF	V_2	晶体管9018H
C_4	电解电容4.7μF	V_3	晶体管9018H
C_5	元片电容223pF	V_4	晶体管9018H
C_6	元片电容223pF	V_5	晶体管9018H
C_7	元片电容223pF	V_6	晶体管9013H
C_8	元片电容223pF	V_7	晶体管9013H
C_9	元片电容223pF	SPK	ϕ57扬声器
C_{10}	电解电容4.7μF		

结构件清单

序号	名称规格	数量
1	前框	1
2	后盖	1
3	周率板	1
4	调谐盘	1
5	电位盘	1
6	磁棒支架	1
7	电路板	1
8	正极片	1
9	负极簧	2
10	拎带	1
11	调谐盘螺钉 沉头M2.5×4	1
12	双联螺钉 M2.5×5	2
13	机心自攻螺钉 M2.5×6	1
14	电位器螺钉 M1.7×4	1
15	正极导线(9cm)	1
16	负极导线(10cm)	1
17	扬声器导线(10cm)	2
18	电路图元器件清单	1

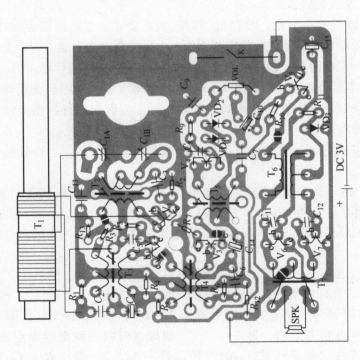

图 6-33 HX108 型收音机装配图

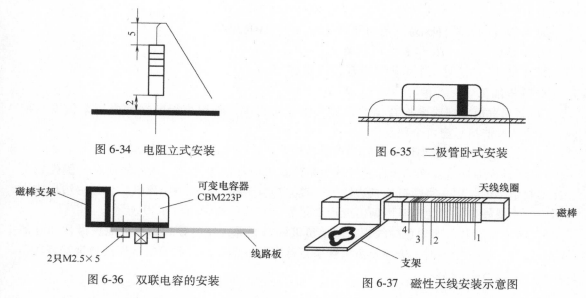

图 6-34　电阻立式安装　　　　　　　　图 6-35　二极管卧式安装

图 6-36　双联电容的安装　　　　　图 6-37　磁性天线安装示意图

磁性天线线圈接入电路时，一般有两种接法，如图 6-38 所示。如果采用第一种接法，整个波段灵敏度的均匀性比第二种接法好；如果采用第二种接法，会加强高频端的灵敏度，但也可能引起高频端啸叫。因此在超外差收音机中常采用第一种接法。

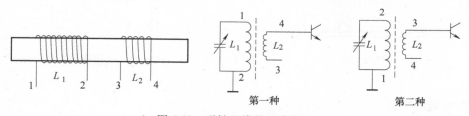

图 6-38　磁性天线的两种接法

2）机芯主板元器件焊接安装工艺。

焊接安装顺序：遵循先小后大，先低后高，具体为：电阻→元片电容→二极管→晶体管→电解电容→中周→振荡线圈→输入、输出变压器→电位器→双联电容→磁性天线。

整个机芯焊接、修整、检查无误后，将调谐盘用 M2.5×4 调谐盘螺钉装在双联电容上，调谐盘上有刻度指针。调谐盘的安装应能保证机芯装到前壳里，调谐盘转动时刻度指针应能从周率板窗口中看到。

特别注意：

① 焊接。焊锡要把焊盘全覆盖，无连焊、无铜箔脱落及其他焊接质量问题。

② 剪引脚。如图 6-39 所示，焊接完成后，用斜口钳剪引脚，引脚留长≤1mm，不能对引脚扭动、撕扯，以免拉掉焊盘，并对剪下的引脚及时清理干净。

③ 中周、振荡线圈要插到底，屏蔽罩引脚钩焊。谨防 3 个中周及振荡线圈任两个相互

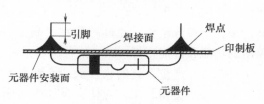

图 6-39　元器件剪引脚

插错。

④ 有极性的元器件、易混淆的元器件特别注意不能装错。

⑤ 电路板上 C_5、R_5 位置，可互换。

⑥ 中周 T_5 焊接时一个引脚无焊盘，不要焊。

3. 前框加工

1）贴周率板。把周率板背面的双面胶保护纸揭掉，将周率板贴在前壳周率板安装槽内，月牙状调谐指示窗口全部露出。

2）装拎带。将拎带小环穿孔后套在塑料柱上。

3）焊扬声器导线。将两根白色导线分别焊在喇叭接线焊片上，然后将喇叭一侧先放进一端塑料卡槽内，用一字螺钉旋具边撬另一端的塑料卡槽，边压喇叭磁铁，将这一边也放入卡槽内。不要硬敲，以免喇叭因敲击变形而报废。安装示意图如图 6-40 所示。

4）装电池簧片。将黑色导线焊在电池负极弹簧底部，红色导线焊在电池正极片凸起部位上，然后将焊好导线的正极片及负极弹簧正确安装在前壳内，两节电池连接弹簧安装在相应位置，如图 6-41 所示。

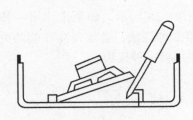

图 6-40   喇叭安装示意图

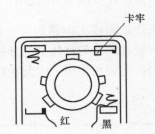

图 6-41   电池簧片安装示意

4. 整机装配工艺

按照装配图将加工好的前框上的 4 根导线焊接在主板机芯的相应位置上：2 根白色的扬声器线分别焊在与输出变压器 T_7 输出端相连的空焊盘上，接在电源负极的黑色导线的另一端焊在电源开关的独立焊盘上，接在电源正极的红色导线的另一端插入电阻 R_{12} 旁边的插孔，焊在印制板上。

至此，收音机装配完成，进入下一个重要的工艺过程：收音机调试。

6.4 HX108-2 型超外差收音机的调试

电子电路的调试：由于各种原因（如设计原理错误、焊接安装错误、元器件参数的分散性、装配工艺等），安装完毕的电子电路需要通过测试来发现、纠正、弥补各种错误或缺陷，并进行参数调整，通过一系列"测量→判断→调整→再测量"的过程反复，使其达到预期的功能和性能指标。

对新装和严重失调的收音机，不要为了急于收台，不讲顺序，不讲方法，乱捅、乱调一气，这样势必适得其反，应认真合理地调整。

收音机调试步骤：通电前的检查→静态工作电流测试→整机动态调试→故障检测。

1. 通电前的检查

通电前的检查即收音机安装工艺检查，包括：

1）元器件有无误装，主要包括：色环颜色相近而易混淆的电阻，两种型号的晶体管，输入、输出变压器，中周振荡线圈位置。

2）有极性的元器件是否安装有误，主要包括：电解电容"＋"、"－"极性，二极管极性、晶体管 e、b、c 三个引脚。

3）元器件面有无元器件引脚相碰，有无引脚修剪不到位，有无剪掉的元器件引脚、焊接时滴落的锡珠残留在收音机内（包括喇叭内）。

4）焊接检查：焊点是否光滑明亮，焊锡充满焊盘不能超出焊盘，有无漏焊、连焊、铜箔脱落及断开现象。特别检查导线、天线线圈。

检查无误后进入收音机调试，收音机调试在加电状态下（装上两节 5 号电池）进行。

2. 静态工作电流测试

（1）设立静态电流测试点的作用

整机分成五个单元电路，分别是功放电路、前置低频电压放大电路、第二级中放电路、第一级中放电路、变频电路。电原理图中给出了相应功能电路晶体管集电极静态工作电流范围，与实际测出的电流作对比，如果差别太大，判断故障原因，查找相关的几个元器件及相关电路，及时纠正解决。

（2）5 个静态电流测试点

在焊接好的电路板上找到电路图中对应 5 个静态电流测试点，并确定高低电位，如图 6-42 所示。

（3）使用万用表测试电流

1）将万用表两只表笔分别接入五个测试点两端，红表笔接高电位，黑表笔接低电位。

2）选择电流档。万用表电流档有 0.05mA，0.5mA，5mA，50mA 和 500mA，根据给出的电流范围选出合适的档位。一般根据预测的电流最大值所允许的范围先选一个较大量程，如果实际读数达不到下一档位满量程，再选下一档位，例如 I_{c6} 为 4 ~10mA 选 50mA 档位，万用表指针一般以指示到表头满量程 2/3 处读出的数据较为准确。

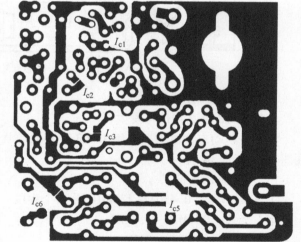

图 6-42　印制线面 5 个静态电流测试点

从后一级往前一级测量 $I_{c6} \rightarrow I_{c5} \rightarrow I_{c3} \rightarrow I_{c2} \rightarrow I_{c1}$ 读出数值并做记录对比，见表 6-3。

表 6-3　静态电流实测表

电路功能	晶体管位号相对应的集电极电流	电流范围/mA	实测数据
功放级	I_{c6}	4~10	
前置低放	I_{c5}	3~5	

(续)

电路功能	晶体管位号相对应的集电极电流	电流范围/mA	实测数据
第二级中放	I_{c3}	1~2	
第一级中放	I_{c2}	0.4~0.8	
变频级	I_{e1}	0.18~0.22	

根据实测电流与给出的电流作对比，如果在给出的电流范围内，就将原来人为断开的测试点用焊锡可靠连接后，将机芯装到前壳内，并用 M2.5×6 机芯自攻螺钉将机芯印制板固定在前框上，如图 6-43 所示。

下一步进行整机动态调试。

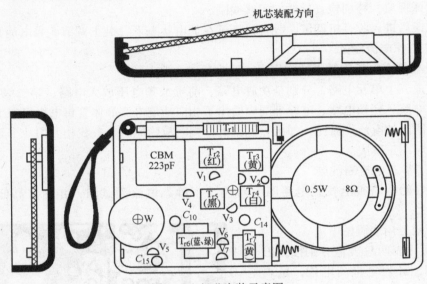

图 6-43 机芯安装示意图

3. 整机动态调试

（1）J2463 型高频信号发生器

在收音机动态调试中，使用 J2463 型高频信号发生器模拟广播电台发出中波调幅信号，如图 6-44 所示。

1）主要技术指标。

① 频率范围：0.4MHz~130MHz 分六个频段：

第一频段：0.4MHz~1.2MHz；

第二频段：1.2MHz~3MHz；

第三频段：3MHz~8.5Hz；

第四频段：8.5MHz~25MHz；

第五频段：25MHz~55MHz；

第六频段：55MHz~130MHz。

② 高频频率刻度误差：≤±2%。

③ 高频输出幅度：1~5 频段 ≥100mV；6 频段 ≥20mV。

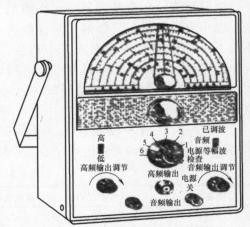

图 6-44 J2463 型高频信号发生器

④ 高频输出分类：等幅及 1kHz 调幅两种。

⑤ 高频输出衰减：分 0、20dB 两档。

⑥ 音频输出：频率 1000（1±10%）Hz，输出幅度≥200mV。

⑦ 电源：直流 6V（2 号干电池四节）。

⑧ 机箱尺寸：215mm×150mm×110mm。

⑨ 重量：≤2kg。

⑩ 附件：高频电缆一根，音频输出线一根。

2）面板功能介绍。仪器面板布局可参见图 6-44。

上半部为高频信号六个频段的刻度盘，用指针转动指示。刻度盘与指针用透明塑料罩保护，塑料罩上装有一个频率细调旋钮，可以连续调节高频信号发生器的振荡频率。

透明塑料罩内还装有电源指示灯，供电源检查时指示干电池供电能力。

中间一只大旋钮为频段开关，分电源检查及一到六个频段。

左面一只拨动开关为高频衰减开关，分"高""低"两个位置。置"高"时，输出高频信号不经衰减；置"低"时，输出高频信号衰减 20dB。

高频输出调节旋钮，可以连续调节高频信号输出幅度。

右边一只拨动开关为高频信号"等幅波"和"已调波"转换开关，当置"等幅波"时，输出高频信号为等幅波；当置"已调波"时，输出高频信号为 1kHz 调幅波。

下面是电源开关及音频输出调节旋钮。当旋钮反时针转动时，可连续调节音频信号输出幅度。高频输出是一只 Q9 型同轴高频插座，音频输出是一对接线柱。

3）调试。收音机调试中使用的 5 个频率点：465kHz，510kHz，600kHz，1500kHz 和 1620kHz，如图 6-45 所示。

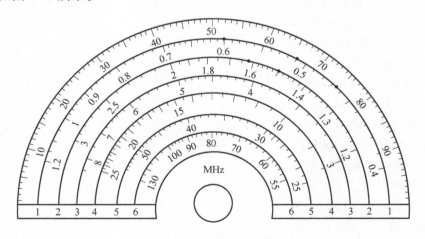

图 6-45　调试用到的 5 个频率点

调试时收音机要靠近高频信号发生器才能接收到较强的高频信号发生器发射出的调试信号。

（2）中频频率调整

中频频率调整，就是旋转中频变压器罩在磁心上的磁帽，改变磁路的间隙，改变其电感量。中频变压器谐振在 465kHz 中频频率上，且品质因数 Q 为 40～60，以获得所需的中频带和选择性。中频变压器内部结构图如图 6-46 所示。

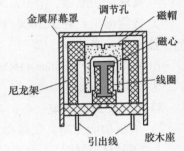

图 6-46　中频变压器内部结构

调试方法：将收音机调谐旋钮逆时针旋转（向周率板上频率低端旋转）到底直到旋不动，这样就避开了电台的干扰，有利于调整。将高频信号发生器置于 465kHz 频率处，收音机电位器调至最大，用无感螺钉旋具依次调整黑（T_5）、白（T_4）、黄（T_3）三个中周变压器，使收音机声音最大，此时 465kHz 中频频率就调整好了，以后就不需要再动了。由于人耳在音量太大时对声音的变化感觉不明显，调整过程中可以对电位器音量作适当的调整。

（3）对刻度

对刻度又叫调覆盖。对刻度的目的在于，保证调谐器旋钮由最低端刻度旋转到最高端刻度，正好能完全覆盖中波波段 525～1605kHz 频率范围内的所有广播电台信号。调试的电路为本机振荡电路，调整的实质就是校正本机振荡频率与中频（465kHz）频率的差值能否落在 525～1605kHz 之内。

电台信号与本机振荡信号的关系如图 6-47 所示。横轴为双联电容器的旋转角度，纵轴表示频率。理想情况下，随着双联电容器旋转角度的增加，输入调谐信号的频率与本机振荡信号的频率同步变化，两个频率之差始终保持为 465kHz，实际情况并非如此。曲线 A 为调试前双联电容器的转动与本振频率变化的曲线。若使整个频段内，输入调谐信号与本机振荡信号的每一点都达到同步变化是不易实现的，为了使整个频段内都能取得基本同步，在设计本振回路和输入同路时，要求在中间频率处（1000kHz）达到同步，其他各点的频率之差均偏离 465kHz。这也就是在调频率范围之前，将收音机和信号源同时调到频率的低端或高端，无法得到 465kHz 中频信号的原因。

当电台信号为 525kHz 时，可通过调整本振电路中 T_2 的电感，使本机振荡电路产生 990kHz 的频率信号，如图 6-47 中曲线 B，低端的频率差为（990 - 525）kHz = 465kHz。当电台信号为 1605kHz 时，可通过调整本振电路中双联电容上的微调电容 C'_{1B}（C'_{1B}在双联上的位置如图 6-48 所示），使本机振荡电路产生 2070kHz 的频率信号，如图 6-47 中曲线 C，高端的频率差为（2070 - 1605）kHz =

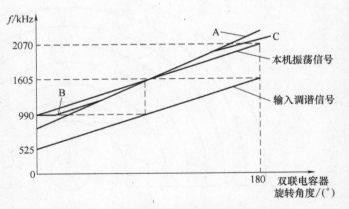

图 6-47　调频率范围时调谐与本振变化关系图

465kHz。虽然经过调试后，本机振荡曲线变成了 S 形，但收音机可接收到中波广播信号 525kHz 和高端信号 1605kHz。

为了保证收音机接收的频率范围能充分覆盖到中波段的频率，调试时应使收音机高端的接收频率高于中波广播高端频率 5～15kHz，而低端应低于频率 5～15kHz。所以收音机调试

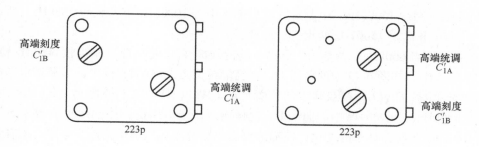

图 6-48　双联上微调电容

后的接收频率可为 510~1620kHz。

　　调整方法是：高频信号发生器置于 510kHz 处，收音机调谐盘指针旋到最低端（旋到底），用无感螺钉旋具调整振荡线圈 T_2 上的红色磁帽，使收音机声音最大；高频信号发生器置于 1620kHz 处，收音机调谐盘指针旋到最高端（旋到顶），用无感螺钉旋具调整双联电容上的微调电容 C'_{1B}，使收音机声音最大。高、低端频率在调整时相互影响，需经反复多次调整，收音机在 510kHz 和 1620kHz 处声音同时都最大，至此则调整完毕。

　　（4）统调

　　统调又叫调"跟踪"或调灵敏度，统调的目的是使本机振荡回路的频率随着输入调谐回路频率的"踪迹"变化，以满足两回路频率之差为 465kHz 的关系。这样可使收音机的灵敏度达到最高。

　　经过频率范围的调试，迫使本机振荡曲线变成了 S 形，如图 6-49 所示。在 S 形曲线中，已经有三点 525kHz、1000kHz、1605kHz 与输入调谐信号的频率刚好差一个中频频率 465kHz，其他各点稍差一些，但也十分接近 465kHz。由于中频选频电路具有 20kHz 的带宽，因此在实际运用中是完全允许的。

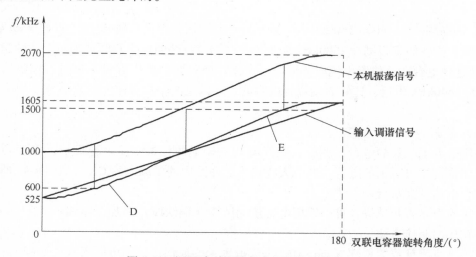

图 6-49　调跟踪时调谐与本振变化关系图

　　若使输入调谐电路的频率跟随本机振荡电路的频率变化，会使各点频率之差更接近 465kHz，统调就可达到此目的。收音机一般采用三点统调，三个统调点分别为低端 600kHz、中端 1000kHz、高端 1500kHz，电路设计时保证了中端 1000kHz 点差频为 465kHz，所以只需对低端 600kHz 和高端 1500kHz 两点进行统调。

在低端统调点 600kHz，调整输入调谐电路的线圈 T_1，使收音机在接收 600kHz 信号时，产生差频 465kHz，如图 6-49 中的曲线 D。在高端统调点 1500kH，调整输入调谐电路的双联电容上的微调电容 C'_{1A}（C'_{1A} 在双联上的位置见图 6-48），使收音机在接收 1500kHz 信号时，产生差频 465kHz，如图 6-49 中的曲线 E。这样输入调谐电路的频率曲线也变成了 S 形，使其跟踪了本机振荡电路频率的变化，使输入调谐电路与本机振荡电路两个频率之差在整个频段范围内更接近于 465kHz。

经过中频、覆盖、统调结束后，收音机即可收到高、中、低端电台，且频率与刻度基本相符。

4. 没有仪器情况下的调整方法

（1）调整中频频率

本套件所提供的中频变压器（中周），出厂时都已调整在 465kHz（一般调整范围在半圈左右），因此调整工作较简单。打开收音机，随便在高端找一个电台，先从 T_5 开始，然后 T_4、T_3，用无感螺钉旋具（可用塑料、竹条或者不锈钢制成）向前顺序调节，调到声音响亮为止。由于自动增益控制作用，以及当声音很响时人耳对音响的变化不易分辨的缘故，收听本地电台当声音已调到很响时，往往不易调精确，这时可以改收较弱的外地电台或者转动磁性天线方向以减小输入信号，再调到声音最响为止。按上述方法从后向前的次序反复细调 2~3 遍至最佳即告完成。

（2）调整频率范围（对刻度）

1）调低端。在 550~700kHz 范围内选一个电台，例如中央人民广播电台 640kHz，参考调谐盘指针指在 640kHz 的位置，调整振荡线圈（红色）T_2 的磁心，便收到这个电台，并调到声音较大。当双联全部旋进容量最大时的接收频率在 525~530kHz。这样低端刻度就对准了。

2）调高端。在 1400~1600kHz 范围内选一个已知频率的广播电台，如 1500kHz，再将调谐盘指针指在周率板刻度 1500kHz 这个位置，调节振荡回路中双联顶部左上角的微调电容 C'_{1B}，使这个电台在这位置出现声音最响。这样，当双联全旋出容量最小时，接收频率必定在 1620~1640kHz 附近，这样高端位置就对准了。以上两个步骤需反复 2~3 次，频率刻度才能调准。

（3）统调

利用最低端收到的电台，调整天线线圈在磁棒上的位置，使声音最响，以达到低端统调。利用最高端收听到的电台，调节天线输入加回路中的微调电容 C'_{1A}，如图 6-48 所示使声音最响，以达到高端统调。

为了检查是否统调好，可以采用电感量测试棒（铜铁棒）来加以鉴别。

钢铁棒的制作方法：

取一支废笔杆或塑料软管 $\phi 8~10$，一端嵌入铜棒或铝棒，也可以用直径 1~2mm 铜线在笔杆上绕 3~5 匝的钢环，另一头嵌入 20mm 的高频磁心，也可用短磁棒代替，这样一支电感量测试棒就制作成功了，铜铁棒制作如附图 6-50 所示。

将收音机调到低端电台位置，用测试棒铜端靠近天线线圈（T_1），如果声音变大，则说明天线线圈电感量偏大，应将线圈向磁棒外稍移；用测试棒铁端靠近天线线圈，如声音增大，则说明线圈电感量偏小，应增加电感量，即将线圈往磁棒中心稍加移动。用铜铁棒两端分别靠近天线线

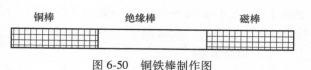

图 6-50　铜铁棒制作图

圈，如果收音机声音均变小，说明电感量正好，则电路已获得统调。

6.5　收音机的检修

1. 一般电子产品的检修

（1）基本要求

高水平的检修操作人员能很快地发现电子产品故障的症结，并能迅速排除故障。而有些人则是翻来覆去也找不到问题所在，甚至越修越坏。因此，电子电路的故障判断对于检修操作人员的知识、能力、素质有如下基本要求：

1）必须仔细研究待修电子产品的使用说明书和技术说明书，了解各部分电子电路工作原理。如果不了解电子产品就贸然动手，只能事倍功半，甚至造成更大的损失。

2）必须了解电子产品上的操作内容及调节部件的使用、功能及其特性。

3）必须在正确了解电子产品工作原理的基础上，会正确使用测量仪器和测量方法。因为测试是判断的基础，不能正确使用测量仪器和测量方法，就谈不上正确地判断和维修。

4）必须能够系统地分析关于电子产品的各种信息，包括测试信息，并能够有条理地分析，这对于有效地查找到故障所在极为有益。

5）必须了解各种元器件的工作原理和性能指标，掌握各种检修方法。

6）必须能够对检修后的电子产品进行检验和校准。

7）必须善于虚心请教、多学勤练、认真记录、经常总结、不断提高。

8）必须配备适用的检测仪器和检修工具，并能够正确熟练地使用。

（2）一般程序

电子产品的故障判断有以下一般程序：

1）询问电子产品损坏前后的有关情况。了解电子产品损坏前有何现象，例如音频放大器杂音多、无声、发热冒烟等。还要观察、询问有无他人检修、拆卸过等。

2）在通电前观察电子产品有无明显的故障处。元器件短路、烧坏以及损坏、脱落等处常有明显的痕迹。

3）试用电子产品确定故障症状。通过试听、试看、试用等方式加深对电子产品故障的了解，设法接通电源，拨动各有关的开关、插座，转动各种旋钮，仔细听输出的声音等。

同时对照电路图，分析判断出可能引起故障的地方。试用电子产品过程中要特别留意是否有各种严重损坏的现象，如产品冒烟、发火、爆裂声等。如产生这些现象，就应立即切断电源，进一步查明原因。

4）分析电路结构找出故障所在。要设法查到它的电路图及印制电路接线图。查不到该产品的电路图时，可以借鉴类似机型的电路图。了解了电路结构，就可以用单元电路模块化和功能块流程图分析整个电器包含有几个单元电路，进而分析故障出在哪一个或哪几个单元

电路之中。这样，就有可能缩小搜索范围，找出故障所在功能块和电路，迅速地查出故障位置。

（3）检修方法

检修工作是一项重要、繁杂，且需细心的技术工作，"没有检修不了的仪器设备，关键在于物有所值"，这是维修界的一句行话。做到维修快速高效，甚至能开发新的性能是高境界。要达到这一境界，要有扎实的理论和实践功底，并在实践中勇于探索，善于总结，不断提高。

1）直观法。直观法是指在打开电子产品之后，用目视、手摸等办法直接查出已损坏的元器件，从而排除故障的方法。

用目视等方法能判断元器件损坏或电路工作不正常的现象。例如：电池夹、电池弹簧被电池中溢出液体锈蚀，电容器爆裂、电解电容器有溢出电解液的痕迹，电阻器烧焦，微调电阻器金属部件锈蚀，各种线头脱落、霉断，电阻器、晶体管等断脚，扬声器纸盆破损及异物落入扬声器内，插头松落等。

用手摸等方法能判断故障所在的有：触摸变压器及通过大电流的电阻器、晶体管、二极管等元器件，可能发现某些元器件异常发烫，这些元器件本身很可能就是坏的，或相关电路有故障。用转动或拨动电位器、微调电阻器、可调电容器、高频头、各种开关的方法，发现电子产品发出噪声或出现异常现象。常是这些可转动、可拨动元器件已损坏造成故障的。

电池夹锈蚀、微调电阻锈蚀、耳机或扬声器插口锈蚀、电位器碳膜磨损、电容器触点磨损、各类开关磨损、电源插头及引线内部开路，是各类电器最常见的七种故障。前六种故障用溶剂（汽油、无水酒精、四氯化碳等）清洗，刮除电池夹或插口上的铜绿锈斑，换用新的元器件、配件的办法修复。而电源插头及引线内部开路时，重新接上、焊上或换用新插头、新引线即可。应当注意的是，用汽油清洗时不要将汽油溅到塑料机壳上，以免造成损坏。四氯化碳适于清洗橡胶部件，而用无水酒精清洗后，应注意要风干。

2）替代法。替代法适用于以下两种情况：用观察法发现有发热、损坏、破损等现象，在排除致使元器件损坏的原因后，拆下测量确定已损坏的元器件，用同型号或性能类似的元器件换入；电路用单元电路模块化和功能块流程图分析后，对怀疑范围内的电阻器、电容器、电感器、晶体管元器件逐一拆下检测，发现性能不良或已明显损坏的，可用性能好的元器件换入。

应用替代法时应注意三个问题：一要避免盲目性，尽可能缩小拆卸范围；二要保持原样，最好事先做好记录，先记下元器件原来的接法，再动手拆卸，最后按原位焊入；三要小心保护元器件，不要把原无毛病的元器件及印制电路板拆坏。

3）调整法。通过调整电子产品内部的微调电阻器、微调电容器、电感磁心等可调部件，能排除常用电器的多种故障。现举例如下：

① 调整微调电阻器。对于可能失调的微调电阻器，一般都先用少许无水酒精等溶剂清洗（禁止用香蕉水）。清洗时要转动微调电阻器，最后转回原位或效果最佳处。必要时在微调电阻器的触点及转轴处点少许润滑油。

② 调整电感磁心及微调电容器。检修中电感元件与微调电容的调整，最好要借助仪器进行。

4）测量法。测量法是使用万用表等测量电路的电压、电流、电阻值，从而判断故障在什么地方的方法。可在通电前测试检查元器件的好坏和触点的通断，在通电后测试各工作点及参数是否正常。主要需对以下几个参数进行测量：

① 测量电压。如测量电源变压器一、二次交流电压有助于判断电源变压器是否损坏。测量各类音频功率放大器输出端交流电压能估算出输出功率的大小，从而断定功率输出级或前置放大级工作是否正常。电压测量法的一般规律是：先测供电电源电压，再测量其他各点电压；先测关键点电压，再测一般点电压。关键点电压不对，说明电路有大故障，要首先予以排除。

② 测量电流。适合用测量电流的方法寻找故障的电子电路主要有以下两大类：一是以直流电阻值较低的电感器元件为集电极负载的电路；二是各种功率输出电路。测量电流时一般采用断开法，即焊下某个元器件的一只引脚，串联上万用表电流档测量。对于以电阻器为集电极负载的电路，或在发射极串联 100Ω 以上电阻器的电路不必断开电路，只要测量该电阻器的电压降，就可以算出电流值。电路的电流值过大，常造成功率器件发烫，甚至损坏。一般地，电路电流值过大的原因常见有：电路自激、半导体器件击穿短路、输出端或负载短路、负反馈电路失效、晶体管基极偏流太大等。而电路电流值偏小的原因常见的有：晶体管基极偏流太小、负反馈过强、晶体管 β 偏小、晶体管等半导体器件击穿开路等。

③ 测量电阻。测量中一般要求断开电源，用万用表的 $R\times 1k$ 档直接测量印制电路板上的元器件（在线测量）。测量扬声器、输入或输出变压器用 $R\times 1$ 或 $R\times 10$ 档测量。电子产品中常被忽视的故障是各种引线的开路和接触不良。印制电路板、引线和接插件对整个电路的正常工作同样有至关重要的作用。常见的故障有：印制电路板铜箔断裂、缠绕式接线头因氧化而接触不良、接插件接触不良、电池夹铆钉接触不良、电源开关内簧片接触不良等。

5）信号法。信号法包括信号注入法和信号寻迹法两种：

① 信号注入法适合检修各种不带有开关电路性质或自激振荡性质的放大电路，例如各种收音机、录音机、电视机公共通道及视放电路、电视机伴音电路等。信号注入法不适宜检修电视行扫描电路或场扫描电路及晶闸管电路。被检修电路无论是高频放大电路，还是低频放大电路，都可以由基极或集电极注入信号。从基极注入信号可以检查本级放大器的晶体管是否良好、本级发射极反馈电路是否正常、集电极负载电路是否正常。从集电极注入信号主要检查集电极负载是否正常、本级与后一级的耦合电路有无故障。检修多级放大器，信号从前级逐级向后级检查，也可以从后级逐级向前级检查。

② 信号寻迹法可以说是信号注入法的逆方法，如图 6-51 所示。原理是检查外来信号是否能一级一级地往后传送并放大。使用信号寻迹检修收音机、录音机，首先要保证收音机、录音机有信号输入；将可调电容器调谐到有电台的位置上，或放送录音带；接着用探针逐级从前级向后级，或从后级向前级检查。这样就能很快探测到输入信号在

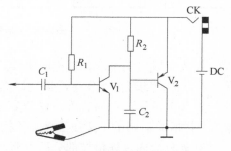

图 6-51　信号寻迹法电路

哪一级通不过，从而迅速缩小故障存在范围。

6）对分法。对于比较复杂的电路可以采用此法。首先将电路按功能分成两个部分，找出有故障的部分，然后 将有故障的部分再进行对分法检测，直到找出故障点所在。

7）旁路法。当电路有寄生振荡现象时，可以用电容器在电路的适当部位分别接入，使其对地短路下，若振荡消失，则表明在此或前级电路是产生振荡的所在。不断使用此法试探，便可寻找到故障点所在。

8）示波法。检修收音机、录音机的低频电压放大电路或高保真扩音机电路时，用信号发生器从前级输入正弦波信号，用示波器逐级观察输出波形，看波形有无失真、饱和削顶或乙类功率放大电路产生交越失真等现象。示波法检修低频电压放大电路是寻找放大器失真原因的较为直观、准确的方法，也是应用较多的方法。

（4）排除故障的方法

1）排除故障的准备工作。在电子产品的故障判断和排除中，直流稳压电源是常用到的设备，通常用的测试仪器有直流稳压电源、示波器、万用表、信号发生器，它们就是常说的"四大件"。熟用巧用"四大件"尤其是示波器和万用表，常常能解决许多问题。常有一些"万用表（或示波器）使用×××例"之类的经验丛书值得经常阅读、操练。

准备必备通用的工具，如电烙铁、吸锡器、剪线钳、剥线钳、螺钉旋具、镊子、剪刀、小扳手等。其中电烙铁是最应熟练掌握的。

在有些情况下，需要使用一些专用检测设备。例如用于高频（如通信设备）的有综合测试仪、场强仪、驻波比表、射频功率计、频谱分析仪、频偏仪等仪器，用于图像设备（如电视机）的有矢量示波器、扫频仪、图示仪、彩色发生器等仪器，用于数字设备的有逻辑脉冲发生器、逻辑探笔、IC测试仪等。这些专用设备往往起到不可替代的作用。

另外，最好备有一些待换用的常用易损元器件，以便在使用替代法诊断故障时使用。这些元器件一般包括：各种阻值的电阻器、常用的各种容量电容器，以及二极管、晶体管和集成电路等。

2）排除故障的程序。在排除电子产品故障时应遵循的一般程序如下（见图6-52）：

图6-52 排除故障过程的一般程序示意图

① 先了解后动手、先理论后实践。要排除电子产品故障首先要详细了解（包括询问和观察等）故障的现象、发生等情况，然后才可以动手拆试。

② 先简后繁、先易后难。对于多种故障，应先解决简单容易的小问题，再考虑复杂故障。这样既简洁明了，又便于排除干扰。

③ 先外后内、先机械部分后电路部分。这是由于电子产品外部表面的操作部件如开关、旋钮、指示灯等经常受损，机械部件由于经常动作也比电子器件故障率高，加之机械故障较电子故障简单易修。

④ 先电源后整机。当整机不能工作，指示灯也不亮时，首先要考虑电源电路是否完好。

⑤ 先静态后动态。一是在通电前应仔细检查，看看元器件有无明显损坏，连接有无断开，确认无误后，再通电检查。二是转动部件，先空载后负载。先静后动是为了确保安全修复机器，避免故障进一步扩大恶化，一般故障应尽量在静态条件下排除。

⑥ 先通病后特殊。有些特殊故障是由多种原因造成的，甚至是由几种常见故障共同交织在一起构成的，只有将几个通病故障排除了，特殊故障排除就迎刃而解了。

⑦ 先末级后前级。在检修时，大多数应从末级单元电路开始，依次逐级对前级传输过来的信号进行分析，最后找到故障级电路，这样可以少走弯路。

⑧ 注意拆卸顺序。拆机前应弄清其结构和位置，必要时要做好记号或画出草图，拆装时应认清各种螺钉，按次序进行。卸下的零部件应按先后顺序排列整齐，比较小的零件和螺钉最好用盒子存放。

⑨ 检修完毕后要进行性能测试。

3）排除故障的方法。当故障产生的原因被找到后，接着就是排除故障。最常用的方法有四种：焊接法、替代法、调整法和权宜法。

① 常见的故障是由于电路中的接点接触不良造成的，如插接点接触不牢，焊接点虚焊、假焊，电位器滑动端及开关等接点接触不良等；也有的是出现了机械损坏，如断线、接点脱焊等。这些原因引起的故障一般是间歇式或瞬时或突然不工作，根据这些现象，利用万用表就可找到故障点。用焊接法排除故障：一些自动流水线焊接的印制电路板，由于焊点较小，长时期通过大电流使得焊点熔融掉部分，引起焊接点导电不良，这时需要对焊点进行检查补焊，这就是所谓的焊接法。

② 另一些情况是由电子产品中元器件本身的原因引起的故障，如电阻器、电感器、电容器、晶体管和集成器件等特性不良或损坏变质，以及电容器、变压器绝缘击穿等。常有电子电路表现为有输入而无输出或输出异常的现象，比较容易判断和排除。查找出损坏的元器件后，用替换元器件进行更换，电子电路即可正常工作。这是所谓的替代法。

③ 在有些情况下，故障的排除需要通过对电子电路中的可调元器件进行调整，使得信号恢复正常，如微调电阻器、微调电容器、电感磁心等。应用调整法要注意做到以下三点：第一，如有多个可调元器件，要一个一个地调整，切忌多个一起调，以免调乱而比未调前性能更差；第二，最好在调整之前在可调元器件上做个记号，标出原来的位置，以便需要时复原；第三，调节的"步伐"要小些，每次的调整量应小点，在判断出整机性能确有改善后再向前调整。这是所谓的调整法。

④ 在手头一时没有替换元器件的情况下，为了应急，常使用权宜之计，以保障电路的主要功能可以实现。常用的方法有旁路直通法、暂时代换法、"丢卒保帅"法等。

2. 收音机故障检测

（1）实习组装调整中易出现的问题

1）变频部分。判断变频级是否起振，用 MF47 型万用表直流 2.5V 档正表棒接 V_1 发射极，负表棒接地，然后用手摸双联（即连接 C_{1B} 端），万用表指针应向左摆动，说明电路工作正常，否则说明电路中有故障。变频级工作电流不宜太大，否则噪声大；红色振荡线圈外壳两脚均应折弯焊牢，以防调谐盘卡盘。

2）中频部分。三个中频变压器 T_3、T_4、T_5 位置搞错，结果是灵敏度和选择性降低，有时有自激。

3）低频部分。输入、输出变压器位置搞错，虽然工作电流正常，但音量很低，V_6、V_7集电极（c）和发射极（e）搞错，工作电流调不上，音量极低。

（2）HX108-2 型超外差式收音机检测修理方法

1）检测前提：安装正确、元器件无差处、无缺焊、无错焊及搭焊。

2）检查要领：一般由后级向前检测，先检查低功放级，再看中放级和变频级。

3）检测修理方法如下：

① 整机静态总电流测量。本机静态总电流小于或等于25mA，无信号时，若大于25mA，则该机出现短路或局部短路，无电流则电源没接上。

② 工作电压测量总电压3V。正常情况下，VD_1、VD_2 两个二极管电压在（1.3±0.1）V，此电压大于1.4V或小于1.2V时，此机均不能正常工作。

大于1.4V时二极管 1N4148 可能极性接反或已坏，应检查二极管。

小于1.2V或无电压应检查：电源3V有无接上；R_{12} 电阻（220Ω）是否接对或接好；中周（特别是白中周 T_4 和黄中周 T_3）一次侧与其外壳是否短路。

③ 变频级无工作电流检查点：天线线圈二次侧未接好；V_1 晶体管已坏或未按要求接好；本振线圈（红）二次侧不通，R_3（100Ω）电阻虚焊或错焊接了大阻值电阻；电阻 R_1（150kΩ）和 R_2（2.2kΩ）接错或虚焊。

④ 第一级中放无工作电流检查点：V_2 晶体管坏，或引脚插错（e、b、c 脚）；R_4（20kΩ）电阻未接好；黄中周 T_3 二次侧开路；C_4（4.7μF）电解电容短路；R_5（150Ω）开路或虚焊。

⑤ 第一级中放工作电流为 1.5~2mA（标准是 0.4~0.8mA）检查点：R_8（1kΩ）电阻未接好或连接 1kΩ 电阻的铜箔里有断裂现象；C_5（0.023μF）电容短路或 R_5（150Ω）电阻错接成51Ω；电位器坏，测量不出阻值，R_9（680Ω）未接好；检波管 V_4 9018 坏，或引脚插错。

⑥ 第二级中放无工作电流检查点：黑中周一次侧开路；黄中周二次侧开路；晶体管坏或引脚接错；R_7（51Ω）电阻未接上；R_6（62kΩ）电阻未接上。

⑦ 第二级中放电流太大（大于2mA）检查点：R_6（62kΩ）接错，阻值远小于62kΩ。

⑧ 低频电压放大级无工作电流检查点：输入变压器（蓝）一次开路；V_5 晶体管坏或接错管脚；电阻 R_{10}（51kΩ）未焊好。

⑨ 低频电压放大级电流太大（大于6mA）检查点：R_{10}（51kΩ）电阻装错，阻值太小。

⑩ 功放级无电流（V_6、V_7）检查点：输入变压器二次不通；输出变压器不通；V_6、V_7 晶体管坏或接错引脚；R_{11} 1k 电阻未接好。

⑪ 功放级电流太大（大于20mA）检查点：二极管 VD_3 坏或极性接反，引脚未焊好；R_{11}（1kΩ）电阻装错，用了远小于1kΩ 的电阻。

⑫ 整机无声检查点：检查电源有无加上；检查 VD_1、VD_2（1N4148；两端是否是 1.3V±0.1V；有无静态电流小于或等于25mA；检查各级电流是否正常，变频级应为 0.2mA±0.02mA，第一级中放应为 0.6mA±0.2mA，第二级中放应为 1.5mA±0.5mA，低频电压放大应为 4mA±1mA，功放应为 7mA±3mA，整机电流为 15mA 左右属正常；用万用表×1档测量检查喇叭，应有 8Ω 左右的电阻，表棒接触喇叭引出接头时应有"喀喀"声，若无阻

值或无"喀喀"声，说明喇叭已坏（测量时应将喇叭焊下，不可连机测量）；T_3 黄中周外壳未焊好；音量电位器未打开。

⑬ 整机无声用 MF47 型万用表检查故障方法：用万用表 $\Omega\times1$ 档黑表棒接地，红表棒从后级往前级寻找，对照原理图，从喇叭开始顺着信号传播方向逐级往前碰触，喇叭应发出"喀喀"声。当碰触到那级无声时，则故障就在该级，可用测量工作点是否正常，并检查各元器件有无接错、焊错、塌焊、虚焊等。若在整机上无法查出该元件好坏，则可拆下检查。

参 考 文 献

［1］ 赵洪亮，卫永琴. 电子工艺与实训教程［M］. 2版. 东营：中国石油大学出版社，2014.

［2］ 彭华，陈东凤. 电子工艺基础及实训［M］. 北京：中国轻工业出版社，2017.

［3］ 付蔚，童世华. 电子工艺基础［M］. 2版. 北京：北京航空航天大学出版社，2014.

［4］ 宋学瑞. 电工电子实习教程［M］. 4版. 长沙：中南大学出版社，2011.

［5］ 郑先锋，张超. 电子工艺实训教程［M］. 北京：中国电力出版社. 2015.

［6］ 王湘江，唐如龙. 电工电子实习教程［M］. 长沙：中南大学出版社，2014.

［7］ 胡学明. 三菱FX3U PLC编程一本通［M］. 北京：化学工业出版社，2020.

［8］ 郑凤翼. 三菱PLC与变频器控制电路识图自学通［M］. 北京：电子工业出版社，2013.

［9］ 王建，徐洪亮. 变频器实用技术［M］. 北京：机械工业出版社，2011.

［10］ 三菱变频器FR-E700使用手册（基础篇）.